Jean E. Charon

Die Lichter des Unsichtbaren

Sudden Inspiration Verlag

Lizenzausgabe mit Genehmigung des Paul Zsolnay Verlages Wien

Titel der französischen Originalausgabe: Les Lumières de l'Invisible

Komplettes Impressum siehe Originalausgabe

„Les Lumières de l'Invisible“ erschien 1987 unter dem deutschen Titel DER SÜNDENFALL DER EVOLUTION im Paul Zsolnay Verlag Wien.

Bildnachweis (Cover): stock.adobe.com (119354545, Alex)

ISBN 978-3934441965

Hohe Str.1
D-01900 Großröhrsdorf
Email sw@sudden-inspiration.de
https://sudden-inspiration.de

Inhaltsverzeichnis

ZWEITER TEIL

Ein vollständig belebtes Universum

Vorwort

„Es gibt mehr Ding' im Himmel und auf Erden als eure Schulweisheit sich träumt, Horatio."

WILLIAM SHAKESPEARE, Hamlet

Von allen Werken, die ich bisher verfasst habe, ist das nun vorliegende gewiss jenes, das zu schreiben mir zugleich die größte Freude und die größten Schwierigkeiten bereitet hat.

An die zwei Dutzend Bücher habe ich im Laufe meiner Schriftstellerlaufbahn veröffentlicht, physikalische Fachbücher, allgemeinere Werke über Wissenschaftsphilosophie und philosophische Schriften. Bei jedem dieser Bücher hatte ich von Anfang an genaue Vorstellungen über den Inhalt, und ohne lange zu zögern, schrieb ich das Buch zügig nieder, vom Vorwort bis zum Schlusskapitel. Nicht so beim vorliegenden Werk: Sturzbachartig drangen alle Gedanken gleichzeitig auf mich ein, neue Interpretationsmöglichkeiten warfen immer wieder die eben gefundenen über den Haufen. Kaum war ich mit einem Kapitel fertig, schien es mir auch schon wieder nötig, es zu überarbeiten, und manchmal waren die Änderungen so tiefgreifend, dass ich alles wieder umschreiben musste. So wurde dieses Buch im Verlauf seiner zweijährigen Entstehungszeit immer wieder umgearbeitet, und es ist daher in Wahrheit die Essenz aus mehreren nacheinander geschriebenen Büchern, die ich hiermit vorlege.

Welchem Umstand aber ist es zuzuschreiben, dass diese Arbeit nicht und nicht vom Tisch kam? Einer wesentlichen Tatsache: ich sah das Endziel meiner fünfundzwanzigjährigen, intensiven Forschungen auf dem Gebiet der Physik vor mir, die letztlich zu Ergebnissen führten, welche – das wurde mir von Tag zu Tag klarer – weitreichende Auswirkungen und Folgen für andere Disziplinen, insbesondere die Biologie und die Psychologie, implizieren. Am bedeutsamsten jedoch waren die Auswirkungen auf ein Gebiet, das uns alle unweigerlich betrifft, nämlich auf die Kenntnis unserer selbst und unserer Beziehungen zu anderen Menschen und dem uns umgebenden Universum. Ich hatte, während ich an diesem Werk arbeitete, ähnliche Empfindungen wie jemand, der eben ein Puzzle fertigstellt: Während er die letzten fehlenden Teile einfügt, entdeckt er das, was der Schöpfer des Spiels darstellen wollte, in seiner *Gesamtheit*, er erkennt plötzlich die Verbindungen zwischen Gebieten, die vorerst zusammenhanglos erschienen waren; während er die letzten Teile einfügt, wird ihm nach und nach die Bedeutung dieses oder jenes Details immer klarer; es ist jener goldene Augenblick, in dem man endlich das zusammenhängende Ganze erkennt und der Schönheit gewahr wird, die allem innewohnt, das sich uns in seiner Vielfalt und seiner Einheit zugleich enthüllt.

Was meine Forschungen auf dem Gebiet der Physik betrifft, so brachten diese letzten beiden Jahre die *vollständige Verifizierung* jenes „Modells" der Materie, an dem ich seit Jahren arbeitete. Die Richtigkeit eines neuen physikalischen Modells überprüft man, indem man seine theoretischen Struktureigenschaften mit den *experimentellen* physikalischen Messergebnissen vergleicht. Natürlich gibt es immer weniger Messwerte, die nicht schon durch die *bereits vorhandenen* Theorien gedeckt sind, und deshalb wird es immer schwieriger, eine neue physikalische Theorie zu verifizieren. Noch vor einigen Monaten zählte man neunzehn physikalische Grundgrößen, die durch experimentelle *Messungen* wohlbekannt waren, deren *Berechnung* anhand der vorhandenen physikalischen Theorien jedoch nicht möglich war. Zu diesen Größen gehört insbesondere die Lichtgeschwindigkeit, die Plancksche Konstante, die Elementarladung ... und auch die Massenzahlen jener Teilchen, die die Materie und die Atome bilden, wie zum Beispiel das Elektron und das Nukleon ... und auch die großen kosmologischen Charakteristika wie die Gravitations-„Konstante" oder die durchschnittliche Dichte des Universums oder seine Temperatur ... Insgesamt, wie ich sagte, neunzehn ausschließlich *experimentell* bekannte Größen, deren *Berechnung* mithilfe eines neuen physikalischen „Modells" eine *Bestätigung* des vorgeschlagenen Modells darstellen würde. Die Komplexe Relativitätstheorie, welche der Gegenstand meiner Forschungen ist und eine Weiterführung der Einsteinschen Allgemeinen Relativitätstheorie darstellt, führt zu einem neuen „Strukturmodell" der Teilchen, aus denen alle Materie besteht, aber auch des Universums in seiner Gesamtheit (kosmologisches Modell). Die Gleichungen, die dieses neue Modell darstellen, haben eine einzige Lösung, und diese Lösung – das haben die Computer gezeigt – gibt uns die GESAMTMENGE der neunzehn experimentellen Größen, die unser Universum charakterisieren und die man bisher noch nicht berechnen hatte können. Mit anderen Worten, dank dem durch die Komplexe Relativitätstheorie definierten Modell der Materie, in dem ALLE numerischen Parameter des Universums gesetzmäßig verankert sind, weiß man nun endlich, „warum" diese Parameter genau jene Werte haben, die experimentell nachgewiesen wurden. Das war mehr, als man hoffen konnte. Jeder Physiker, dem man dieses Ergebnis unterbreitet, muss erkennen, dass das aus der Komplexen Relativitätstheorie abgeleitete Modell mit den experimentell erwiesenen Eigenschaften der Materieteilchen übereinstimmt.

Doch hier fangen paradoxerweise die Schwierigkeiten erst an. Das neue Modell ist zwar mit allen Ergebnissen vereinbar, auf die die Physik in den ersten drei Vierteln unseres Jahrhunderts gekommen ist, namentlich mit den zwei großen Theorien unserer Tage, der Quantentheorie und der Allgemeinen Relativitätstheorie. Ja, das Modell „vereint" sogar die bisherigen Ergebnisse (Vereinheitlichung der vier physikalischen Wechselwirkungen). Allerdings (leider, werden manche sagen) beweist es auch, dass *jedes* Teilchen ein *Erinnerungsvermögen* hat: Das Teilchen speichert Informationen und kennt die Bedeutung der gespeicherten Informationen. Im Klartext heißt das nichts anderes, als dass jedes einzelne Materieteilchen zu einem Verhalten befähigt ist, das sehr wohl vergleichbar ist mit dem Verhalten von *Lebewesen* – uns Menschen inbegriffen – die ja ebenfalls ein „Gedächtnis" besitzen und dieses einsetzen, um in jedem Augenblick ihr Verhalten zu steuern. Darüber hinaus deutet das neue Modell der Materie auch auf eine gewisse „Freiheit" hin, die uns sonderbarerweise an das erinnert, was wir selbst „Freiheit" nennen. Ja, wie wir in der Folge sehen werden, ist es sogar so, dass unsere Freiheit in diesem Modell wurzelt. All das mag seitens unserer „guten alten" Physik auf den ersten Blick Empörung hervorrufen: glaubte sie es bisher doch mit „Billardkugeln", d.h. ganz und gar „lebloser" Materie zu tun zu haben, die ausschließlich mit *physikalischen* Eigenschaften ausgestattet ist. Nun aber muss sie plötzlich entdecken, ja, sich sogar *beweisen* lassen, dass besagte Billardkugeln *auch mentale* Eigenschaften besitzen, insbesondere ein Gedächtnis, das die Verhaltensweise jedes *einzelnen* Teilchens beeinflusst. Im Grunde könnte man sagen, dass die Unterscheidung zwischen „unbelebter" und „belebter" Materie heute bereits veraltet ist, dass wir alle Teilhaber eines ZUR GÄNZE BELEBTEN Universums sind.

Jeder, der mit dem „Physikermilieu" auch nur einigermaßen vertraut ist, wo man sich – von einigen hervorragenden Ausnahmen abgesehen – im Allgemeinen mit einem der Physik unserer Väter entstammenden Weltbild zufrieden gibt, wird verstehen, wie sehr die neue Sicht der Materie, die sich aus der Komplexen Relativitätstheorie herleitet, dieses Milieu in Aufruhr versetzt. Doch die Resultate lassen sich einfach nicht wegleugnen: Das neue Modell ist, „trotz" seines postulierten Gedächtnisses, die *vollständigste* Darstellung der Materie, die wir heute haben, was für die Richtigkeit der ihm zugrunde liegenden *mathematischen* Beweisführung bürgt. Wen die neue Darstellung der Beziehungen zwischen Geist und Materie, die uns die zeitgenössische Physik liefert, zu sehr „schockiert", der kann natürlich seine Augen vor diesen Erkenntnissen verschließen. Doch sagt schon ein altes französisches Sprichwort: Schlimmer als blind zu sein ist es, nicht sehen zu wollen.

Dieses Buch schildert also die Entdeckung der „mentalen“ Eigenschaften der Materie durch die Komplexe Relativitätstheorie und untersucht einige der Auswirkungen dieser Entdeckung auf die Gebiete der Biologie und der Psychologie. Und jeder Einzelne von uns ist, wie sich in der Folge zeigen wird, „zutiefst“ davon betroffen.

ERSTER TEIL

Entdeckung der Psychomaterie

1.
Das Imaginäre und die Realität treffen einander

Für den Phantasiebegabten
ist die Natur die Fantasie selbst.
Der Mensch sieht nur, was er ist.
WILLIAM BLAKE

GEIST UND DARSTELLUNG

Die Erkenntnis ist die Darstellung, die unser Geist von dem ihn umgebenden Universum zu geben bestrebt ist. Und natürlich wünschen wir, eine möglichst *vollständige* Darstellung zu erhalten.

Was ist überhaupt eine Darstellung? Zuerst einmal verstehen wir darunter die Wahl einer „Substanz", der wir in der Folge eine „Form" geben. Die Gesamtheit aller möglichen Formen bezeichnen wir als Darstellung unseres Universums. Wir gehen dabei ein wenig wie ein Bildhauer vor, der sein Modell darstellt, indem er, etwa aus Ton, Formen modelliert, die seine Sinneseindrücke oder seine Vorstellungen von dem Modell wiedergeben.

Hier merken wir sofort, dass außer der Substanz noch ein anderes Element hinzutreten muss: das „Auge", das die Darstellung betrachtet und Formen „schaffen" kann, indem es sie aus der ihm zur Verfügung stehenden Substanz heraus modelliert – wobei wir den Begriff „Auge" im weitesten Sinn verwenden. Der Bildhauer kann genauso gut blind sein, dann wird er die Formen seines Werkes eben „betrachten", indem er mit den Händen darüber gleitet. Voraussetzung jeglicher Darstellung aber ist eine Art „Bezugssystem", auf das sich die Darstellung bezieht, „jemand", der die Formen der Darstellung schafft und die von ihm geschaffene Darstellung auch betrachten kann.

Ein wichtiges Merkmal dieses „Auges", das die Darstellung betrachtet, ist, dass es von der Darstellung selbst *unterschieden* sein muss. Das Auge kann nicht etwas betrachten, das sich außerhalb seiner selbst befindet (die Darstellung), und zugleich Teil des betrachteten Gegenstandes sein (eben weil sich dieser *außerhalb* von ihm befindet). Diese Bedingung ist bei der Arbeit des Bildhauers oder eines anderen Künstlers auch nicht weiter problematisch, da er ja nicht das Universum in seiner *Gesamtheit* darstellen will. Sie wird jedoch dann zu einem sehr realen Problem, wenn es um die

Bestrebung der Wissenschaft und insbesondere der Physik geht, das gesamte Universum darzustellen. Welchen Platz soll der Physiker, der eine *vollständige* Darstellung des Universums anstrebt, darin seinem eigenen Geist einräumen, der doch das „Auge" ist, das ebendiese Darstellung schafft und betrachtet (und daher nicht in ihr enthalten sein kann), obwohl er doch ohne Zweifel ebenfalls ein Teil dieses Universums ist und als solcher in einer *vollständigen* Darstellung desselben doch enthalten sein müsste?

Darin liegt das allgemeine Problem der Rolle des *Geistes* in jeglicher Darstellung unseres Universums. Er ist zweifellos das wesentlichste Element des Universums und kann doch nicht „explizit" in unserer Darstellung des Universums enthalten sein. Lediglich „implizit" kann er auftauchen, als „Verbindungspunkt" zwischen Substanz und Form. Eine vollständige Darstellung des Universums sollte demnach die Gesamtheit der Substanz beinhalten und ebenso die Gesamtheit der Formen. Dazwischen aber muss sie den großen „Abwesenden" bestehen lassen, ohne den nichts wäre: den Geist, den Schöpfer der Darstellung. Um das Vorhandensein des Geistes im Universum irgendwie zu bezeichnen, müssen wir uns damit begnügen, es den Mathematikern gleichzutun, die sich mit der „Mengenlehre" beschäftigen: wir sagen, der Geist sei die *Leermenge* (Symbol Ø), die weder ein „darstellbares" Element der Gesamtmenge der Substanz, noch ein darstellbares Element der Gesamtmenge der Formen ist, wohl aber das nötige Verbindungselement zwischen Substanz und Formen, das Bezugssystem, ohne das es überhaupt keine Darstellung gäbe, d.h. weder Substanz noch Form.

SUBSTANZ UND FORM

Welche ist die allgemeinste „Substanz", von der der Physiker ausgehen wird, um die Gesamtheit der Formen des Universums darstellen zu können? Zweifelsohne sind es der Raum und die Zeit, genauer gesagt die Raum-Zeit, wie man seit Albert Einstein jene Substanz nennt, aus der alle darstellbaren Formen des Universums hervorgehen. Schon Einsteins erklärtes Ziel war es, *die allgemeinste und zugleich vollständigste Darstellung unseres Universums zu geben*. Und nichts ist allgemeiner als der Raum und die Zeit selbst. Bereits 1915 entdeckte Einstein mit seiner Allgemeinen Relativitätstheorie, dass alles, was im Universum existiert – sei es nun Materie oder Wechselwirkung zwischen Elementarteilchen – als Formen der Raum-Zeit dargestellt werden kann. So wird etwa in Einsteins

Allgemeiner Relativitätstheorie ein Elementarteilchen als „gekrümmte“ Raum-Zeit definiert. Die Bewegung dieses Teilchens wiederum stellt sich dar als bestimmte Richtung der das Teilchen darstellenden raum-zeitlichen Form, seine Bewegung ist demnach selbst eine „Form“ der Raum-Zeit. Um nun, ohne die beiden zu vermischen, einerseits die Substanz (Raum-Zeit), aus der alle Formen hervorgehen, und andererseits die in der Zeit tatsächlich „aktualisierten“ Formen darzustellen, gehen wir folgendermaßen vor: Wir bezeichnen die Substanz als die Gesamtheit aller potenziellen Formen, also jener Einheiten, welche tatsächliche Formen „werden“ können, wenn der Geist sie aus dem Bereich des „Möglichen“ holt, um sie im Bereich des Realen zu aktualisieren. Die potenziellen Formen gleichen Punkten auf einer fortlaufenden Linie: solange der Geist sie auf dieser Linie nicht „markiert“, d.h. ihnen in Raum und Zeit Gestalt verleiht, bleiben die Punkte „potenzielle“, mögliche Punkte. Die Substanz der Linie besteht aus der Gesamtmenge der möglichen Punkte. Diese sind Einheiten, die die Eigenschaften haben, in der Raum-Zeit verwirklichte Punkte „werden“ zu können. Der Geist ist es, der durch die Wahl, die er trifft, einen „möglichen“ in einen „verwirklichten“ Punkt zu verwandeln vermag. Nicht anders ist es mit der Substanz „Raum-Zeit“ unseres Universums, die aus der Gesamtmenge aller potenziellen Formen besteht, aus denen der Geist die Gesamtmenge der aktualisierten Formen hervorbringt.

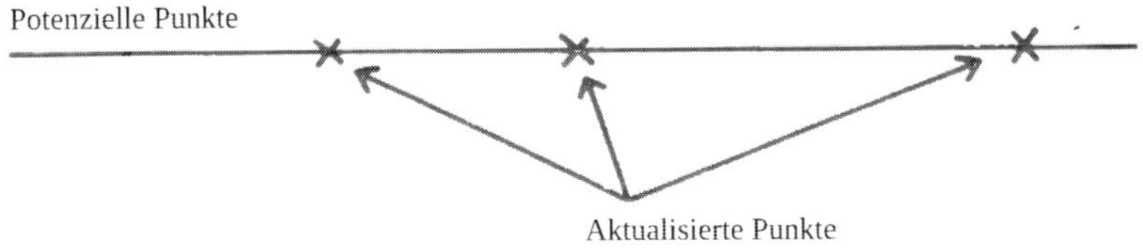

Um Verwechslungen zwischen den potenziellen Formen, welche Elemente der Substanz sind, und den verwirklichten Formen zu vermeiden, werden wir die ersteren *Archetypen* und die letzteren einfach *Formen* nennen. Die Gesamtmenge der Formen ist also per definitionem in der Gesamtmenge der Archetypen enthalten. Der Geist, der die den beiden genannten Mengen gemeinsame „Leermenge“ Ø ist, schafft also aus den Archetypen die Formen, indem er die Archetypen in Raum und Zeit „aktualisiert“ verwirklicht.

Wir können aber zu einer noch allgemeineren Terminologie finden, indem wir uns der Begriffssprache der Ontologie bedienen, die naturgemäß besonders geeignet ist, wenn es um eine möglichst vollständige Darstellung des *gesamten* Universums geht. Wir werden demnach die Gesamtmenge

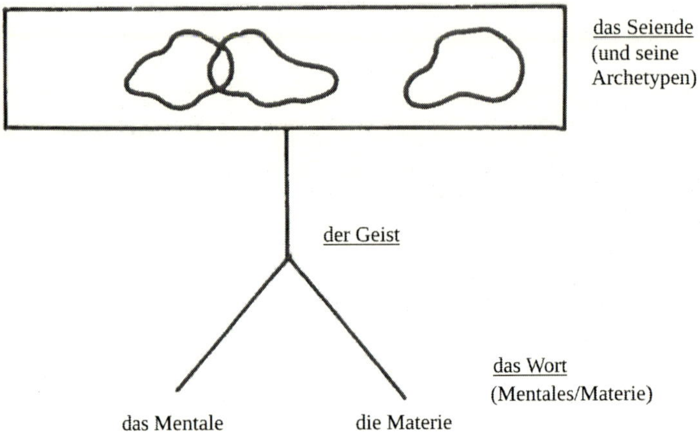

der Archetypen das *Seiende* nennen („das, was ist", die „Substanz") und die Gesamtmenge der Formen das *Wort*.

So besehen, bestünde also die allgemeine Darstellung des Universums aus Beziehungen zwischen dem Seienden und dem Wort, hergestellt durch einen „unsichtbaren" (oder zumindest nicht darstellbaren) Geist.

DER GEIST, DAS MENTALE UND DIE MATERIE

Wir haben festgestellt, dass der Geist jenes „Auge" ist, das zugleich die Archetypen des Seienden und die Formen des Wortes zu betrachten und darzustellen vermag. Der Geist ist demnach das Bezugssystem, von dem die Darstellung ausgeht. Wo aber wird innerhalb dieser Darstellung die Darstellung selbst aufscheinen? Diese Frage ist äußerst wichtig. Will ich eine Form, die ich sehe, „darstellen", ein Glas etwa, muss zuerst einmal ich selbst da sein, um es zu betrachten (die Rolle des Geistes); ich benötige aber auch Geräte (zum Beispiel ein Blatt Papier und einen Bleistift), um meine Darstellung des Glases zu „speichern". Auf diese Art werde ich das, was mich umgibt, immer vollständiger darstellen können; ich werde etwa, nachdem ich das Glas dargestellt habe, auch den Tisch darstellen, auf dem es steht, und damit zugleich auch die Beziehung der beiden Gegenstände „Glas“ und „Tisch“ zueinander. Im Zusammenhang mit meiner Absicht, das Universum *in seiner Gesamtheit* darzustellen, muss ich mir nun die Frage stellen, welchen Platz in dieser Darstellung jenes Etwas einnimmt, das meine Darstellung „speichert“, sodass mein Geist sie betrachten und ihr allenfalls neue Formen hinzufügen kann? Aus dem weiter oben Gesagten ergibt sich, dass der Geist selbst nicht in der Darstellung enthalten sein kann (außer als „Leermenge“ Ø). Das gilt jedoch nicht für die „Vorrichtung“, deren er sich zur Speicherung der von ihm geschaffenen Formen, die er betrachten will, bedient. Ich muss also die Frage bezüglich der Darstellung der „Speichervorrichtung“ klar beantworten und sogar genau angeben können, wie denn überhaupt diese Vorrichtung beschaffen ist, die die dargestellten Formen speichert, um sie dann dem „Auge“ meines Geistes zu unterbreiten.

Bevor ich auf die Beantwortung dieser Fragen eingehe, möchte ich mich einige Jahrhunderte in die Vergangenheit zurückversetzen, in die Zeit jenes Philosophen, der sich intensiv mit der Funktion des Geistes und dessen Auseinandersetzung mit der ihn umgebenden Formenwelt beschäftigt hat: René Descartes. In seinen sechs *Meditationen* setzt sich Descartes mit der Beschaffenheit der Bestandteile unseres Universums auseinander, und kommt dabei zu dem berühmten Schluss von der Dualität des Universums, das sich aus zwei völlig verschiedenartigen Grundsubstanzen, die er „res cogitans“ (Denken) und „res extensa“ (Ausdehnung) nennt, zusammensetzt. Letztere umfasst alles, was wir in der uns umgebenden Außenwelt beobachten können, also die in Bewegung befindlichen Formen, das, was wir heute in der Terminologie von Einsteins Allgemeiner Relativitätstheorie die Raum-Zeit und ihre Formen oder auch einfach Materie nennen, da ja die Materie (oder Energie) aus den Formen der Raum-Zeit besteht. Dann gibt es, sagt Descartes, noch die „res cogitans“, das Denken. Er versteht darunter aber nicht irgendwelche „Auswirkungen“ des Denkens auf die Außenwelt: dass ich mich etwa über ein Blatt Papier beuge, um darauf mithilfe von Worten den Inhalt meiner Gedanken zu vermerken (die Worte ihrerseits gehören zur Außenwelt: Jemand kann sie von dem Blatt ablesen, das ich beschrieben habe). Mein Denken ist vielmehr das, was *am Ursprung* meines Handelns steht, wenn ich einen Bleistift und ein Blatt Papier benutze, um auf eine in der Außenwelt „beobachtbare“ Art und Weise das auszudrücken, was ich denke. Das Denken, dem mein Verhalten entspringt, ist seinerseits jedoch nicht direkt erkennbar, weder auf dem Blatt Papier noch „irgendwo“ in meinem Gehirn; wie schon Paul Valery (auch er ein subtiler Analytiker des Geistes) feststellte: „Wenn man auch noch so lange durch das Gehirn irrt, wird man dort keine Seelenstimmung entdecken." Das Denken, das wir noch allgemeiner als das *Mentale* bezeichnen wollen, ist also seiner Natur nach in der uns umgebenden materiellen Wirklichkeit nicht beobachtbar. Wir müssen also wie schon Descartes grundsätzlich zwischen dem Mentalen und der Materie unterscheiden. Das Mentale gehört nicht der Raum-Zeit an, in der die Materie sich ausbreitet, es ist keine „Form" der materiellen Raum-Zeit, keine Form der Wirklichkeit, die ja per definitionem alles Sichtbare und Beobachtbare enthält (von den Atomen bis zu Sternen und Galaxien). Das heißt aber nicht, dass das Mentale seine Anwesenheit nicht trotzdem zum Ausdruck bringen kann, indem es sich indirekt in der Wirklichkeit manifestiert, wie zum Beispiel, wenn ich einen Gedanken auf ein Blatt Papier schreibe. Es ist also sehr wohl eine Wechselwirkung zwischen Mentalem und Materie möglich: das Mentale kann seine Präsenz „irgendwo" manifestieren (nur wo?), indem es in der materiellen Wirklichkeit „Formen" erzeugt. Doch das Denken, das Mentale, ist nicht „materieller" Natur, da es in der Welt der Wirklichkeit nicht unmittelbar beobachtbar ist. Selbstverständlich kann die Materie ihrerseits das Mentale beeinflussen: ich brauche mich nur versehentlich an einer Tischkante zu stoßen, um zu erleben, dass auch die Materie mir fallweise Gedanken eingeben kann.

Welchen Platz soll nun aber das Mentale in meiner Darstellung des Universums einnehmen, wenn es in der Welt der Materie, aus der die mich umgebende Wirklichkeit besteht, gar nicht vorhanden ist? Ich könnte nun versucht sein, das, was ich als das Mentale, als mein Denken, bezeichne, mit meinem Geist zu verwechseln, jenem „Auge", das alle Formen seiner Umgebung betrachten kann. Descartes widerstand dieser Versuchung, er hat nicht den grundlegenden Irrtum begangen, Denken und Geist zu verwechseln. Er hält fest, dass mein Geist (mein „Ich") mein *eigenes Denken* so betrachten kann, als läge es außerhalb dieses „Ichs". Also kann dieses „Ich" mit meinem Denken nicht identisch sein. Daher der berühmte Satz: „Ich denke, aber ich weiß auch, dass ich denke." Dieses „Ich", welches „weiß", dass es denkt, kann also mit dem Denken als solchem nicht verwechselt werden. In der sechsten seiner *Meditationen* schreibt Descartes:

„Zudem ist auch, wie ich sehe, jene Einbildungskraft in mir, soweit sie sich von der Erkenntniskraft unterscheidet, zu meinem, d.h. meines Geistes Wesen gar nicht erforderlich. Denn hätte ich sie auch nicht, ich würde trotzdem derselbe bleiben, der ich nun bin. Es scheint demnach durch etwas von mir Verschiedenes bedingt zu sein."

Descartes unterscheidet also prinzipiell zwischen der „Erkenntniskraft“, die vor allem neue Formen zu „schaffen“ vermag – wozu nur der Geist in der Lage ist, da er die potenziellen Formen des Seins betrachten kann – und der Einbildungskraft, dem eigentlichen Denken (das wir in der Folge „symbolisieren“ nennen werden), welches ein mentaler Vorgang ist; den Ablauf dieses Vorganges kann mein Geist „beobachten“ wie ein außenstehender Zuschauer. Ich könnte ja auch, wie Descartes bemerkt, zu denken aufhören, meine mentalen Vorgänge könnten einen Augenblick lang unterbrochen sein, und dennoch wäre ich als geistiges Wesen nach wie vor existent: daher kann ich mein Denken, das Mentale, nicht mit meinem Geist gleichsetzen. Descartes schlägt folgendes Schema vor, um die Beziehung zwischen der Dualität Materie/Mentales einerseits und dem Geist andererseits zu veranschaulichen (Abb. links):

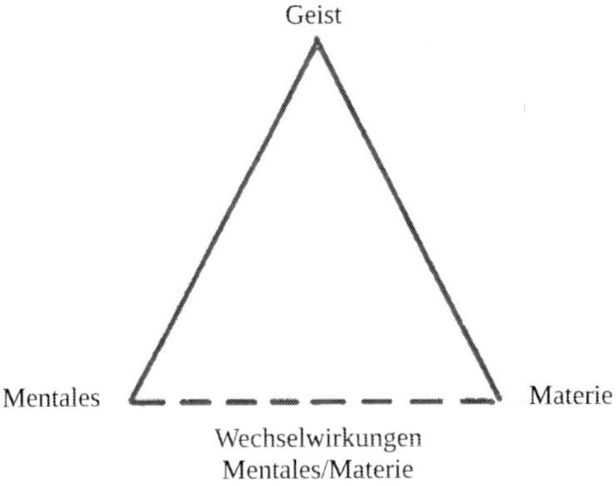

Der Geist ist das Bezugssystem (das „Auge“), das zugleich Materie und Mentales betrachten kann, diese beiden völlig verschiedenartigen „Dinge“; doch der Geist verwechselt sich mit keinem von beiden. Man könnte sagen, er stehe am *Schnittpunkt* zwischen Mentalem und Materie. Die gestrichelte Linie auf der schematischen Darstellung bedeutet, dass das Mentale und die Materie ihrer Natur nach verschieden sind (das Mentale ist innerhalb der materiellen Raum-Zeit nicht unmittelbar beobachtbar), dass es aber Wechselwirkungen zwischen ihnen gibt.

DAS MENTALE UND DAS GEHIRN

Wenn nun das Mentale die eigentliche „Quelle“ des Denkens und ganz allgemein aller mentalen Vorgänge ist, welches ist dann die „eigentliche“ Rolle unseres Gehirns? Betrachten wir zum Beispiel das menschliche Gehirn (obschon das Problem bei allen lebendigen Organismen das gleiche ist). Die neurologische Struktur des Gehirns ist äußerst kompliziert; sie besteht aus Milliarden von Neuronen und Synapsen, die ununterbrochen Milliarden elektrischer oder physikalisch-chemischer Impulse leiten. Und diese ganze komplizierte Struktur steht, wie wir aus der Biologie wissen, mit unserem Denken und Verhalten in Zusammenhang. Nun ist aber diese neurologische Struktur zweifellos „beobachtbar", sie ist eine Struktur, die zur Welt der Wirklichkeit, zu der uns umgebenden Außenwelt gehört. In der Sprache der einsteinschen Physik ausgedrückt könnten wir sagen, dass diese Milliarden von Verbindungen, die elektrische oder physikalisch-chemische Signale transportieren und unser Gehirn bilden, Formen der Raum-Zeit sind. Wenn wir nun behaupten, dass das Mentale seiner Natur nach im Raum der Wirklichkeit „nicht beobachtbar" ist, können wir es unter den „beobachtbaren" Formen des Gehirns folglich nicht antreffen. Wenn nun aber das Mentale, der Ursprung des Denkens, nicht zum Gehirn gehört, „wozu dient" dann dieser ganze komplexe Aufbau aus Zeichengeneratoren und vielfältigen Verbindungen, den wir mithilfe moderner Forschungsmethoden im Gehirn feststellen können, diesem Organ, dem, wie gesagt, zweifellos eine fundamentale Bedeutung im Zusammenhang mit unserem Denken und Verhalten zukommt?

Man könnte es sich natürlich leicht machen und einfach leugnen, dass das Mentale, das Denken, von anderer Natur ist als die Materie. Die sogenannten „materialistischen" Biologen halten noch immer an dieser Auffassung fest. Ihnen zufolge wäre das Denken nichts anderes als eine „Sekretion" des Gehirns, ebenso wie etwa der Schweiß ein Sekret des Körpers ist. Allerdings trifft man diese „reduktionistische" Betrachtungsweise immer seltener an, und sogar die scheinbar unverbesserlichsten materialistischen Biologen sprechen heute schon von der „transmateriellen" Beschaffenheit der in der neurologischen Struktur des Gehirns entstandenen und transportierten Informationen. Sie anerkennen also, dass auch *Nichtmaterielles* (denn was sonst sollte die Bezeichnung „transmateriell" bedeuten?) am Funktionieren des Gehirns wesentlichen Anteil hat. Wie aber ist dieser „transmaterielle" Anteil beschaffen? Da seit Einsteins Relativitätstheorie alles, was „beobachtbar" ist, seinem Wesen nach „materiell" ist, bezeichnet also der Begriff „transmateriell" aus „relativistischer" Sicht eine *nicht beobachtbare* Größe. Müssen wir also in die wissenschaftliche Darstellung des Universums, die wir heute vorlegen möchten, „nicht beobachtbare" Größen aufnehmen?

Eine andere, etwas subtilere Vorstellung als die rein materialistische wäre die, in dem Dualismus Gedanke/Gehirn oder Mentales/Materie eine *Komplementarität* zu sehen, ohne deshalb gleich zu behaupten, dass Mentales und Materie von gleicher Natur seien. Damit wären wir heute, an der Schwelle zum dritten Jahrtausend, wieder zu dem berühmten Universalienstreit zurückgekehrt, der schon gegen Ende des ersten Jahrtausends die Philosophen in zwei Lager spaltete. Und der Begriff der „Komplementarität“ von Mentalem und Materie erinnert stark an Abaelards „Konzeptualismus“. Abaelard lehrte im 11. Jahrhundert, dass der Gedanke, das Konzept, seiner Natur nach vom Wort, das ihn ausdrückt, verschieden ist. Gemäß Abaelards Konzeptualismus gehört der Gedanke der Welt des Mentalen und nicht der „realen“ Welt an. Der Gedanke darf also nicht verwechselt werden mit seinem materialisierten Ausdruck, dem gesprochenen oder geschriebenen Wort, das in der realen Welt sehr wohl „beobachtbar“ ist. Offensichtlich gibt es aber sehr enge Beziehungen zwischen dem Gedanken und der materiellen Struktur (d.h. der raumzeitlichen Form), die ihn ausdrückt. Gedanke und Form stellen sich hier wie zwei *komplementäre* Aspekte ein und desselben Phänomens dar, mit der Besonderheit allerdings, dass diese zwei Aspekte zwei „verschiedenen“ Welten angehören, der realen, beobachtbaren Welt einerseits (Wort) und der „nicht realen“ und daher nicht beobachtbaren Welt andererseits (Gedanke).

Diese „nicht reale“ Welt werden wir in der Folge als das *Imaginäre* bezeichnen. Ihre Existenz wurde bereits von Abaelards Konzeptualismus postuliert, und im Laufe unserer Untersuchungen über die Beziehungen Denken-Gehirn und Mentales-Materie sind wir heute wieder darauf gestoßen: Wir feiern heute, an der Schwelle zum dritten Jahrtausend, die Wiedervereinigung des Imaginären mit der Realität. Tausend Jahre liegt dieser Bund zurück, genauso lange wie die komplementäre Verbindung von Abaelard und Heloise, von Erkenntnis und Liebe.

DAS IMAGINÄRE UND DIE REALITÄT

Das Mentale gehört also der Welt des Imaginären an, während das Gehirn, mit dem die Biologen sich in ihren Experimenten befassen, zur Welt der Realität gehört.

Wir glauben zu wissen, was es mit diesen beiden Welten auf sich hat. Realität ist alles, was in der raumzeitlichen Welt existiert, die uns umgibt, was wir mit unseren Sinnen unmittelbar wahrnehmen können, was „da ist“, unabhängig davon, ob wir es betrachten oder nicht. Die Realität ist die Gesamtheit der Formen, die unsere „äußere Wirklichkeit“ bilden. Meine Wahrnehmung dieser Formen beruht auf der Tatsache, dass nicht nur diese Formen „existieren“, sondern dass auch ich selbst Form bin (also integrierender Bestandteil der Realität) und dass ich somit in der Lage bin, mit den anderen mich umgebenden Formen in Wechselwirkung zu treten.

Wie aber steht es mit der Welt des Imaginären? Bis heute hatten wir meist den Eindruck, dass diese Welt kein Thema für die Wissenschaft sei, zumindest nicht für die sogenannten „exakten" Wissenschaften wie die Physik oder die Biologie. „Exakt" nannten diese Wissenschaften sich ja eben deshalb, weil sie sich in ihren Forschungen nur mit dem beschäftigten, was „real" und „beobachtbar" ist. Alle ein wenig „spekulativen" Gebiete wie den Traum, die Fantasie oder das Unbewusste schoben die Naturwissenschaften bewusst beiseite, sie überließen diese „verschwommenen" Begriffe bereitwillig den Psychologen, den Philosophen … oder den Theologen. Vor allem der Geist war noch vor wenigen Jahren „tabu" für die Physik und die Biologie. Nun bricht er jedoch plötzlich ohne Vorwarnung in die Laboratorien der Herren Physiker und Biologen ein, und diese müssen erkennen, dass sie, wenn sie bei ihren Forschungen weiterkommen wollen, vorerst einmal tausend Jahre zurück müssen, in die glücklichen (?!) Zeiten von Abaelard und Heloïse, um sich dann in der „exakten" Forschung künftig auch mit dem Imaginären zu befassen!

Schlägt man im Lexikon nach, erfährt man, dass das Imaginäre das ist, was nur in der Einbildung existiert, eine Schimäre. Es ist daher nur allzu verständlich, dass die Wissenschaft, ob sie sich nun exakt nannte oder nicht, eine solche Schimäre nur sehr zögernd in ihr Allerheiligstes vordringen ließ. Erkenntnis muss sich auf das gründen, was existiert. Es kann keine Erkenntnis des Nichts geben. Wenn das Imaginäre nicht existiert, weshalb sollte man sich darum kümmern? Aber stimmt es denn überhaupt, dass es nicht existiert? Wieso können wir, wie eben jetzt, darüber sprechen, uns Fragen darüber stellen, wenn es inexistent, also gleich Nichts ist? Natürlich kann man behaupten, dass ein Traum keine von unseren Sinnen wahrnehmbare reale Situation beschreibt, und dennoch stellt er ein Phänomen unserer mentalen Welt dar. Es ist also nur sprachliche Schlamperei, wenn wir behaupten, der Traum betreffe etwas, das „nicht existiert"; dies kommt daher, dass wir den Begriff „existieren" viel zu restriktiv auslegen als etwas, das nur beschreibt, was wir mit unseren Sinnen wahrnehmen können. Oder, noch genauer gesagt: bislang haben wir den Begriff „existieren" nur auf das angewandt, was von *allen* Wesen mit den gleichen Sinnesorganen wie wir Menschen wahrgenommen werden kann. Wenn etwa irgendein Tier über Sinne verfügt, mittels derer es in der Realität Formen wahrnimmt, zu deren Wahrnehmung wir Menschen nicht in der Lage sind, und von denen es uns nichts erzählt (weil eben die Tiere „nicht reden"), wird unsere reduktionistische Logik uns zu der Behauptung veranlassen, dass ein solches Phänomen „nicht existiert“. Und falls es sich bei diesem „Tier“ um einen Menschen handelt, der mentalen Halluzinationen erliegt und davon erzählt (weil Menschen eben reden), so werden wir auf Grund derselben reduktionistischen Logik behaupten, dass diese Halluzinationen keinem real „existenten“ Phänomen entsprechen.

Alles, was wir dieser „reduktionistischen“ Weltsicht vorwerfen, ist, dass sie zu begrenzt ist und auf Vorurteilen beruht, die mit unserem heutigen Wissensstand, vor allem unseren wissenschaftlichen Erkenntnissen, beim besten Willen nicht mehr vereinbar sind. Das Denken ist sehr wohl „existent“ (wer möchte das bezweifeln?), nur lässt sich seine Existenz in der unmittelbar beobachtbaren Welt der Realität nicht darstellen. Es gibt aber eine Welt des Imaginären, des Nicht-Beobachtbaren, und in dieser Welt können wir die mentalen Phänomene sehr wohl darstellen. Und so scheint es eine grundlegende Aufgabe der zeitgenössischen Wissenschaft zu sein, eine erste Darstellung der Welt des Imaginären und ihrer Wechselwirkungen mit der Welt der Realität zu wagen, jener Welt, auf die eine reduktionistische Wissenschaft sich und uns beschränken wollte.

Die Welt des Imaginären besser kennenzulernen, heißt letztendlich, uns selbst besser kennenlernen, was ja nur von Vorteil sein kann. Wir wollen daher die Wiedervereinigung des Imaginären mit der Realität feiern und unseren Freund Abaelard mit seiner liebenswürdigen Heloïse hochleben lassen!

2.[1]
Das Gedächtnis der Teilchen

Das Universum ist nicht etwas, das „drüben“
unabhängig von uns vorhanden wäre. Wir haben
unweigerlich an allem Anteil, was vorgeht. Wir sind
nicht nur Betrachter, sondern auch Mitwirkende.
Auch wenn es uns seltsam anmuten mag,
das Universum ist *ein Universum der Mitwirkung*.
JOHN ARCHIBALD WHEELER

Das uns umgebende Universum wird von unserem Denken wahrgenommen, von dem also, was wir allgemein als das Mentale bezeichnen. Hauptsächlich mittels mentaler Verfahrensweisen versuchen die Physiker, die Materie darzustellen, deren Existenz sie feststellen. Wie aber soll man das Mentale selbst darstellen? Seit Jahrtausenden beschäftigt diese Frage Philosophen und Wissenschaftler. Und je besser es der Physik gelang, eine detaillierte Darstellung der Materie zu geben, desto unerlässlicher schien es, die Beziehungen zwischen Mentalem und Materie zu klären, um das Wissen über die Materie weiter zu vertiefen. Nach und nach wurde man sich bewusst – wie ja auch der Physiker John Archibald Wheeler, Vorstand des Instituts für theoretische Physik an der Universität von Austin, Texas, unterstreicht – dass das Mentale des Betrachters notwendigerweise einen *integrierenden Bestandteil* seiner Darstellung eines beobachteten Phänomens bildet. Wir sind eben nicht nur Betrachter, sondern „Mitwirkende“ an dem, was wir betrachten und danach darstellen. Die sogenannten „physikalischen“ Gesetze sind demnach Gesetze der Materie *und des Mentalen* und nicht ausschließlich Gesetze der Materie. Oder wie Stendhal sagte: „Wir sehen die Dinge, wie unser Kopf sie sich ausmalt: wir müssen diesen Kopf daher kennenlernen.“

Eine bessere Kenntnis des Mentalen ist deshalb heute eine der wichtigsten Aufgaben der physikalischen Grundlagenforschung. Im vorliegenden Kapitel möchte ich Sie mit den Arbeiten auf jenem Forschungsgebiet vertraut machen, mit dem ich mich seit Jahrzehnten befasse: der *Komplexen Relativitätstheorie*. Diese Theorie, die eine Weiterführung von Einsteins Allge-

1 Dieses zweite Kapitel mag für Nicht-Physiker etwas dornig sein. Ich schlage in diesem Fall vor, es nur durchzublättern. Ich werde in gewohnter Weise verfahren und einige „spezielle“ Punkte in den folgenden Kapiteln wieder aufnehmen, um sie genauer zu erklären.

meiner Relativitätstheorie ist (quantifizierte Darstellung im komplexen Riemannschen Raum) wurde kürzlich durch Experimente, von denen noch die Rede sein wird, erhärtet, und diese experimentelle Verifizierung rechtfertigt die nähere Beschäftigung mit jenem „Modell", das die Komplexe Relativitätstheorie vorschlägt, um die Beziehungen zwischen Mentalem und Materie zu erhellen.

ZURÜCK ZU RENÉ DESCARTES

Im Allgemeinen glauben wir ziemlich genau zu wissen, was mit dem Begriff „Materie" gemeint ist. Der Begriff des „Mentalen" dagegen ist uns sehr viel weniger klar. Wollen wir vom Mentalen aber in der Sprache der Physik sprechen, so müssen wir zuerst sehr präzise definieren, was wir darunter verstehen. Einen ersten Schritt haben wir bereits im vorigen Kapitel unternommen, indem wir den Begriff des Mentalen von dem Begriff Geist abgrenzten. Wir haben uns dabei auf Rene Descartes berufen, und möchten dies noch einmal tun, um zu erklären, was die Physik der Komplexen Relativität damit bezweckt, dass sie das Mentale in ihre Darstellung des Universums einbezieht.

In seinen *Meditationen* unterscheidet Descartes zwei voneinander verschiedene Phänomene im Universum, die er *res cogitans* und *res extensa* nennt. Der „Wesensunterschied" zwischen diesen beiden Größen liegt darin, dass die res extensa, die Ausdehnung, in dem uns umgebenden Raum und der uns umgebenden Zeit direkt dargestellt werden kann, wohingegen die res cogitans, das Denken, auch wenn ihre Existenz außer Zweifel steht, im Bereich räumlicher „Ausdehnung" nicht direkt lokalisierbar zu sein scheint. Wie Paul Valery sagt, „könnten wir hundert Jahre in einem Gehirn umherirren, ohne dort eine Seelenstimmung zu entdecken". Und heute, vor allem seit der Allgemeinen Relativitätstheorie, die alle Phänomene als „Formen" einer Raum-Zeit genannten Substanz darstellt, kommen wir zu demselben Schluss: das Mentale (Descartes' Denken) unterscheidet sich von der Materie (Descartes' Ausdehnung) vor allem dadurch, dass es im Gegensatz zur Materie nicht direkt als eine Raum und Zeit angehörende Struktur „beobachtbar" ist, obgleich es mittels eines geeigneten Formalismus durchaus „darstellbar" ist (auch eine „Seelenstimmung" kann man ja darstellen). Seiner Nicht-Beobachtbarkeit wegen wurde das Mentale lange Zeit aus dem Forschungsbereich der Physik ausgeschlossen, die sich, um der Bezeichnung „exakte Wissenschaft" gerecht zu werden, in ihren Darstellungen *ausschließlich* auf das Beobachtbare beschränkte (besonders seit Beginn unseres Jahrhunderts). Seit 1960 jedoch konstruiert die Physik ihr Weltbild mithilfe von Größen wie Quarks oder „Präonen" (Bestandteile der Quarks), die sie als prinzipiell *nicht beobachtbar* anerkennt, obwohl *alle* Atome, d.h. die gesamte Materie, aus ihnen besteht. Die Zeit scheint reif, sich die Paulusworte ins Gedächtnis zu rufen, nach denen „das für uns Sichtbare aus Unsichtbarem entstanden ist." Und es ist auch Zeit für die gute alte Physik, ihre Tore der Sprache des Nicht-Beobachtbaren zu öffnen, die wir (im Gegensatz zur Sprache der Realität) als *Sprache des Imaginären* bezeichnen wollen. Das grundlegende Postulat, auf das sich die Darstellungen (Modelle) der zeitgenössischen Physik künftig beziehen könnten, soll demnach lauten:

Universum = Imaginäres + Realität

DAS MENTALE IST NICHT GLEICHZUSETZEN MIT DEM GEIST

Bleiben wir noch bei Rene Descartes' oben zitierter Stelle aus seiner *sechsten Meditation*: „Zudem ist auch, wie ich sehe, jene Einbildungskraft in mir, soweit sie sich von der Erkenntniskraft unterscheidet, zu meinem, das heißt meines Geistes Wesen gar nicht erforderlich. Denn hätte ich sie auch nicht, ich würde trotzdem derselbe bleiben, der ich nun bin. Es scheint demnach durch etwas von mir Verschiedenes bedingt zu sein."

Descartes legt hier besonderes Gewicht auf die Feststellung, dass ich nicht nur denke, sondern auch „weiß", dass ich denke. Es gibt in mir also etwas wie einen Bewusstseinspunkt, den Descartes den Geist nennt und der sich von meinem Denken unterscheidet, weil er auch dann vorhanden bleibt, wenn ich zu denken aufhöre. Es ist dieser fundamentale Bewusstseinspunkt, der mich zu einem denkfähigen „Objekt" macht, d.h. einem Objekt mit mentalen Eigenschaften, die ich neben meinen Eigenschaften als Objekt mit räumlicher Ausdehnung, d.h. als materielles Objekt, besitze.

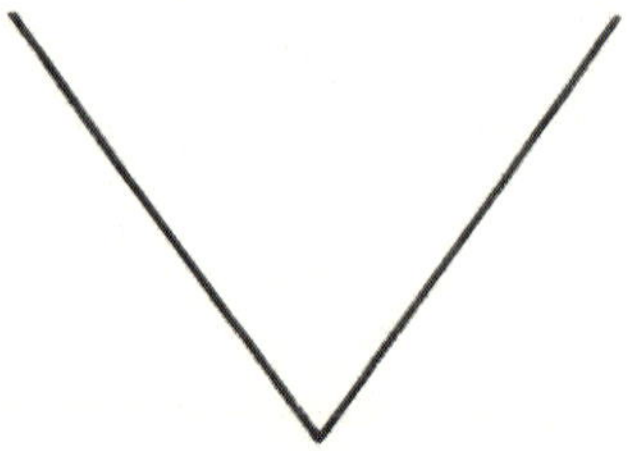

So also sieht Descartes „Modell“ aus: Ich als Objekt bestehe aus zwei verschiedenen „Substanzen“, einer mentalen (Denken) und einer materiellen (Ausdehnung im Raum). Doch weder meine mentale noch meine materielle Substanz sind gleichzusetzen mit *mir* als bewusstem Subjekt, das befähigt ist, gleichsam von außen zugleich mein Mentales und meine Materie zu betrachten: diesen Bewusstseinspunkt, und nur ihn, nenne ich meinen Geist.

Wir müssen also sehr genau definieren, innerhalb welcher Grenzen die Physik sich bewegt, wenn sie versucht, uns heute eine Darstellung des Mentalen und der Materie, der Realität und des Imaginären zu geben. Die Physik erhebt nicht den Anspruch, den Geist, das bewusste „Auge“, welches Mentales und Materie gleichermaßen betrachtet, darzustellen. Sie versucht vielmehr Mentales und Materie – vergleichbar mit „Software“ und „Hardware“ im Computer – als zwei „komplementäre“ Aspekte ein und derselben Größe darzustellen, wobei dem Informatiker, der den Computer bedient, die Rolle des Geistes zukäme. Die Physik, die sich mit Mentalem und Materie befasst, unterscheidet sich von der alten, rein materialistischen Physik einzig und allein dadurch, dass sie für ihre neuen Darstellungen ein Bezugssystem und eine Formensprache verwenden muss, mittels derer sich (falls ihre Existenz erwiesen ist) Beobachtbares und Nicht-direkt-Beobachtbares, die Realität und das Imaginäre, *gleichzeitig* erfassen lassen. Diese „neue“ Physik bleibt jedoch immer noch eine „objektbezogene“ Physik in dem Sinn, dass sie „objektive“ Erkenntnis anstrebt. Sie anerkennt nur die Existenz nicht unmittelbar beobachtbarer Objekte, die aber dennoch „darstellbar“ sind, und sie zieht es vor, diese „Objekte“ darzustellen, anstatt sie einfach zu ignorieren. Darin besteht der erste methodische Ansatz der Komplexen Relativitätstheorie.

DIE NEGATIVE ZEIT DES MENTALEN MIKRO-UNIVERSUMS

Die Komplexe Relativitätstheorie möchte also das Universum in ein komplexes Riemannsches Bezugssystem einbinden; das bedeutet, dass die vier Raum-Zeit-Koordinaten eines Punktes nun als komplex im mathematischen Sinn definiert werden und nicht mehr als entweder rein reell oder rein imaginär, wie dies in der einsteinsehen Allgemeinen Relativitätstheorie der Fall war. Jedem Materieteilchen, ob es nun punktförmig ist oder eine beobachtbare räumliche Ausdehnung besitzt, wird zusätzlich zu seinem beobachtbaren Realteil ein komplementärer Imaginärteil zuerkannt.

Wie jedoch konnte man damit rechnen, dass dieser „imaginäre" und neuerdings auch dargestellte Teil einen Aspekt des Teilchens beschreiben würde, der die Bezeichnung „mental" rechtfertigt? Die Allgemeine Relativitätstheorie ist bereits seit 50 Jahren im Besitz der Antwort auf diese Frage: der Physiker Schwarzschild legte damals eine „Metrik" vor, in der er zeigte, wie sich zwei raumzeitliche Regionen mathematisch verbinden lassen, von denen sich eine ausschließlich auf das gewohnte Bezugssystem der Allgemeinen Relativitätstheorie (die beobachtbare Wirklichkeit) bezieht, und die andere auf ein komplementäres, ausschließlich „imaginäres" Bezugssystem.

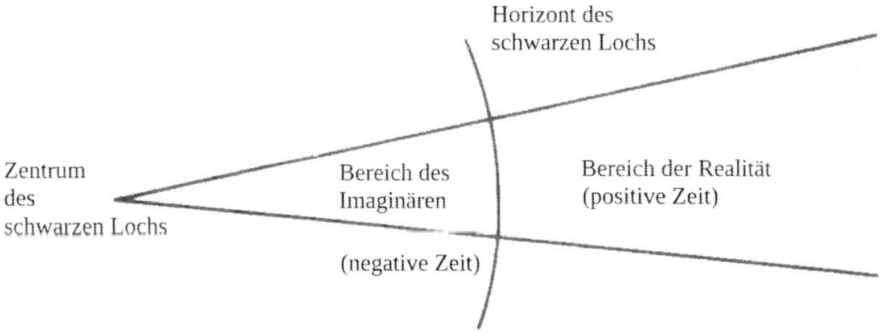

Zur Zeit Schwarzschilds glaubte man ein solches „komplexes" Bezugssystem zur Erforschung der Schwarzen Löcher zu brauchen, jener Sterne, von denen bereits Einstein vorausgesagt hatte, ihr Ende bestünde darin, dass sie unsichtbar werden. Schwarzschild hatte festgestellt, dass bei der Überschreitung der Raumgrenze zwischen dem Sichtbaren und dem Unsichtbaren nicht nur Raum und Zeit ihre Rollen vertauschen (wie dies auch der Fall sein muss, wenn man von einer „reellen" in eine „imaginäre" Region im mathematischen Sinn überwechselt), sondern dass dabei außerdem *die*

Zeit das Vorzeichen wechselt. Letzteres ist von grundlegender Bedeutung, denn es ersetzt die mit zunehmender Entropie (zunehmender Unordnung) fortschreitende natürliche Evolution im sichtbaren Bereich der Realität durch eine mit *abnehmender* Entropie (zunehmender Ordnung) fortschreitende Evolution im unsichtbaren Bereich des Imaginären. Wo aber ließen sich die mentalen Vorgänge treffender darstellen als in einer solchen imaginären Region der Raum-Zeit, deren abnehmende Entropie (zunehmende Negentropie) dazu führt, dass jede Information unauslöschbar „gespeichert" wird und sich mit den zuvor gespeicherten Informationen zu einem immer „bedeutungsvolleren" (geordneteren) Ganzen verknüpft? Gewiss „beweisen" diese „negentropischen" Eigenschaften einer hypothetischen imaginären Region der Raum-Zeit noch nicht die Existenz einer mentalen Komplementärgröße, die zur Darstellung der Elementarteilchen geeignet wäre, doch sind solche Eigenschaften prinzipiell *erforderlich*, um Phänomene jener Art darzustellen, wie wir sie erfahrungsgemäß aus dem mentalen Bereich kennen, nämlich die Gedächtnisphänomene.

Es soll uns nicht allzu sehr erstaunen, dass wir in der Physik auf Regionen des Universums stoßen, in denen die Zeit „negativ" ist. Wir müssen uns lediglich daran erinnern, dass gemäß der *Logik*, deren wir uns zur Darstellung des Universums bedienen, alle von uns verwendeten Größen in Gestalt symmetrischer Paare auftreten. Doch auf das Problem Logik und Darstellung kommen wir im dritten Kapitel noch ausführlich zurück. Das Auftreten symmetrischer Elemente in der Natur wollen wir aber bereits jetzt festhalten: Positive und negative elektrische Ladung, Materie und Antimaterie (wobei letztere in den physikalischen Gleichungen als Materie mit negativer Energie erscheint). Es war eine der fruchtbarsten Ideen der Physik der letzten zwanzig Jahre, jedem Elementarteilchentyp fundamentale Symmetrien zuzuordnen, deren eventuelle Erhaltung man dann untersucht. Beispiele für diese Symmetrien sind etwa Parität, Isospin, Bewegungsquant, Energie, elektrische Ladung ... und auch die Zeit. Die meisten physikalischen Vorgänge sind in der Tat so beschaffen, dass sie theoretisch ebenso gut in einem Universum ablaufen könnten, in dem die Zeit ihre Richtung geändert hat, d.h. negativ statt positiv ist. Es ist also durchaus denkbar, dass die Physik eines Tages Regionen unseres Universums entdeckt, in denen die Zeit im Vergleich zu unserer realen Zeit umgekehrt abläuft, wo also eine „Antizeit" herrscht. Und, wie wir sehen werden, scheint dieser Tag gekommen: die Antizeit ist maßgebend für den Ablauf der Phänomene im Mikro-Universum des Mentalen.

Wir dürfen allerdings nicht den Irrtum begehen, fälschlicherweise anzunehmen, dass in einem solchen, von der Antizeit (negativer Zeit) bestimmten Universum ein etwaiger Beobachter „sich stetig verjüngen würde“ (bis wohin denn?). Die Physik trifft eine fundamentale Unterscheidung zwischen der *Dauer* (die das Alter und den Alterungsprozess misst) und der Zeit. Die Dauer ist *eine Invariante*: unabhängig davon, welches Vorzeichen die Zeit in dem dich umgebenden Universum hat, wird dein Altern immer positiv sein ... d.h. du wirst auf jeden Fall immer älter werden. Ganz anders wäre allerdings in einer Welt mit negativer Zeit die zeitliche Reihenfolge von Ursachen und Wirkungen: In unserer positiven Zeit, der Zeit unseres gewohnten kosmologischen Raumes, sind die Ursachen gegenwärtiger Phänomene in der *Vergangenheit* zu suchen; anders gesagt, die Vergangenheit determiniert die Gegenwart, dies ist die eigentliche Grundlage des Determinismus. Ist die Zeit aber negativ, dann wäre die Rechtfertigung gegenwärtiger Phänomene in der *Zukunft* zu suchen. Und damit haben wir offenkundig eine genaue Definition der mentalen Vorgänge: mithilfe der Logik projiziert das Mentale das gegenwärtige Verhalten voraus, um zu einer *zukünftigen* Situation zu gelangen. Und wenn diese Logik, ausgehend von der gegenwärtigen Situation *mehrere* mögliche Situationen anbietet, so muss das Mentale eine Wahl treffen, um eine und nur eine einzige dieser zukünftigen Situationen zu realisieren. Mit anderen Worten, es sollte uns nicht nur nicht überraschen, dass wir ein „mentales“ Mikro-Universum mit negativer Zeit entdeckt haben, sondern wir *mussten* es entdecken, um das, was unser Bewusstsein bei der Beobachtung mentaler Prozesse feststellt, korrekt darstellen zu können. Überraschend ist in diesem Zusammenhang nur die Tatsache, dass unsere Physiker so lange gebraucht haben, um zu erkennen, dass die „komplexe“ Darstellung, die Schwarzschild bereits in den dreißiger Jahren vorgeschlagen hat, genau das war, was uns noch fehlte, um das Mentale endlich in die wissenschaftliche Darstellung einzubeziehen. Wir groß muss die Furcht der „mechanistischen“ Physiker vor diesem Mentalen gewesen sein! Wie schon im Vorwort gesagt: noch schlimmer als blind zu sein ist es, nicht sehen zu wollen.

DIE ZWEIEINHEIT MENTALES/MATERIE

Es gilt aber noch einen zweiten wichtigen Aspekt zu beachten: in einer solchen Darstellung mit komplexem Bezugssystem sind Mentales und Materie nicht zwei getrennte oder auch nur trennbare Größen, sondern zwei verschiedene Aspekte *ein und desselben* Objekts, die eine Zweieinheit bilden. Dies ist nicht anders zu verstehen, als wenn man sagt, dass der korpuskuläre und der wellenförmige Aspekt eine Zweieinheit bilden, weil sie komplementäre Aspekte *ein und desselben* Teilchens sind. (Was im Übrigen keine zufällige Analogie ist, da es sich bei der Zweieinheit Welle/Korpuskel um eine Folge der Zweieinheit Mentales/Materie handelt). Das heißt, es gibt keine „Spezialteilchen", die ausschließlich Träger des Mentalen wären. Es ist vielmehr so, dass sich das Mentale gemäß dem Formalismus der Komplexen Relativitätstheorie als ein (bisher unbeachtet gebliebener) Aspekt *jedes Materieteilchens* oder ganz allgemein jedes Punktes innerhalb des beobachtbaren Raumes darstellt. Wir selbst wären demnach nicht bloß Teil eines materiellen Universums, sondern Teilhaber an einem „mental-materiellen" Universum, das ich *Universum der Psychomaterie* nennen möchte. Wie man sieht, betrifft dieser Denkansatz nicht allein die Physik, sondern auch die Philosophie, auch wenn dies den allzu „materialistischen" Physikern nicht willkommen sein mag!

DAS MIKRO-UNIVERSUM DER DARSTELLUNG DES MENTALEN

Eine der wesentlichen Eigenschaften des Mentalen, auf die bereits Descartes hingewiesen hat, ist die Tatsache, dass die „Mental-Seite" der Psychomaterie (das Denken) nicht *unmittelbar* beobachtbar ist. Beobachten können wir nur die „Materieseite" eines Teilchens, die mit der Mentalseite eine Zweieinheit bildet.

Ein weiteres Charakteristikum des Mentalen scheint seine „Persongebundenheit" zu sein. Keiner von uns hat dieselben mentalen Strukturen wie irgendein anderer Mensch; die Elemente unseres Gedächtnisses, wie zum Beispiel die genaue Bedeutung, die wir einem gespeicherten Symbol zuordnen, sind unser *höchst persönliches* Eigentum.

Diese beiden Eigenschaften – Unsichtbarkeit und Persönlichkeit – dienten als Leitbilder bei der Erstellung eines „Modells" des Mentalen in der Komplexen Relativitätstheorie. Jedem Punkt der beobachtbaren materiellen Realität ordnet die Komplexe Relativitätstheorie ein mentales Mikro-Universum zu, mit dem der materielle Punkt eine Zweieinheit bildet. Unter dem Begriff Mikro-Universum ist ein „geschlossener" Raum zu verstehen, aus dem Nichts direkt hinaus und in das nichts direkt hinein gelangen kann. Sehr wohl aber kann ein solches *mentales Mikro-Universum* in „virtuelle" Wechselwirkung mit dem realen Raum oder mit anderen mentalen

Mikro-Universa treten, analog den schwachen Wechselwirkungen in der Physik (Wechselwirkung durch Austausch „virtueller“ Photonen oder Neutrinos).

Die oben genannten strukturellen Eigenschaften des mentalen Mikro-Universums erinnern stark an jene der Schwarzen Löcher. Allerdings – das zeigt eine erste Untersuchung – kann es sich hier nicht um eine „gravitationsbedingte“ Struktur handeln, wie dies bei den kosmischen Schwarzen Löchern der Fall ist. Das Modell, von dem wir bei der Erforschung des mentalen Mikro-Universums ausgehen, ist das eines „starken“, d.h. eines von starken Wechselwirkungen bestimmten Schwarzen Lochs. Dies reduziert den Radius des mentalen Mikro-Universums auf die uns vertrauten Dimensionen im Elementarteilchenbereich (die etwa in der Größenordnung von Zehntausendsteln eines Milliardstel Millimeters liegen).

Ein weiterer Vorzug des Modells „Schwarzes Loch“ ist seine *relative Einfachheit*: es ist durch seine Eigenmasse (Eigendichte mal Volumen), die Winkelgeschwindigkeit seiner Rotation um die eigene Achse und seine elektrische Ladung vollständig definiert. In gleicher Weise lässt sich das mentale Mikro-Universum vollständig definieren durch seine Eigenmasse (oder Eigendichte), seinen Spin (oder vielmehr den eines im Mikro-Universum rotierenden Neutrinos) und die Temperatur der Schwarzstrahlung, die den Raum des Mentalen erfüllt (eine Strahlung, deren nahe Verwandtschaft zur elektrischen Elementarladung die Komplexe Relativitätstheorie nachweisen kann).

Weiterhin nehmen wir an, dass dem mentalen Mikro-Universum eine zyklische radiale Pulsation eigen ist. Die Bewegungen im Inneren dieses Mikro-Universums unterliegen alle den gewohnten Quantengesetzen.

ZUERST BRAUCHEN WIR EIN MODELL DES MENTALEN

Eine Besonderheit der Komplexen Relativitätstheorie besteht darin, dass sie bei ihren Bestrebungen, *beide* Seiten (die mentale und die materielle, die sie *jedem Punkt* des Universums zuerkennt) darzustellen, von der *Struktur des Mentalen* ausgeht und nicht von jener der Materie. In der bisherigen („objektiven“) Physik war man immer von der Voraussetzung ausgegangen, man müsse zuerst die Materie-Seite des Universums genau kennen, um erst danach eventuell auch zu untersuchen, ob mit steigender Komplexität dieser Materie allenfalls „mentale“ Eigenschaften auftreten.

Die Komplexe Relativitätstheorie beschreitet den umgekehrten Weg: sie überlegt zuerst, wie eine für jeden Punkt gültige mentale Struktur des Universums im Wesentlichen beschaffen sein müsste, und versucht, zu deren Darstellung ein formales „Modell“ zu entwickeln; erst dann untersucht sie, in welcher Weise sich die Materieseite des Universums darstellt, wenn sie mit dem Mentalen eine komplementäre Zweieinheit bilden soll.

Drei Gründe sprechen für diese Vorgangsweise:

Erstens, dass es das Mentale (und nicht die Materie) ist, dem die Aufgabe zufällt, eine Darstellung des Universums zu geben. Es erscheint daher natürlich, die Untersuchungen damit zu beginnen, dass man die „Funktionsmechanismen“ des Mentalen genau erforscht.

Zweitens die Tatsache, dass die Struktur des Mentalen, wie wir gesehen haben, der eines „starken Mikro-Schwarzen Lochs“ zu entsprechen scheint. Und diese Struktur stellt sich als *relativ einfach* dar, weil sie nur durch drei Größen bestimmt ist, während die materiellen Strukturen, welche die reale Seite des Universums uns darbietet, bekanntlich äußerst vielfältig und kompliziert sind, weshalb es zu ihrer Darstellung zahlreicher komplizierter Modelle bedarf.

Drittens schließlich ist die Darstellung des Mentalen, obwohl dessen Mechanismen den Quantengesetzen folgen, *nicht probabilistisch*, d.h. man kann sie durch ein echtes geometrisches Modell darstellen und muss sich nicht mit bloßen Wahrscheinlichkeitsangaben über die Lage der einzelnen Teile dieses geometrischen Modells begnügen. Die materielle Seite hingegen ist, wie die Komplexe Relativitätstheorie zeigt, tatsächlich nur in Form von Wahrscheinlichkeitsangaben über die Lage der beobachteten materiellen Punkte darstellbar, eine Tatsache, von der noch die Rede sein wird. Mit anderen Worten, die Komplexe Relativitätstheorie zeigt, dass es die *geometrisch darstellbare* Struktur des Mentalen ist, die das probabilistische Verhalten der Materie-Seite des Universums rechtfertigt. Es empfiehlt sich daher auch aus diesem Grund, *vor* der Darstellung der Materie eine Darstellung des Mentalen zu versuchen.

Wenn nun die Komplexe Relativitätstheorie den Bau ihrer Modelle von der Mentalseite her in Angriff nimmt, wird sie, wie ja nicht anders zu erwarten war, *von Anbeginn* an auf Eigenschaften des Universums stoßen, die die althergebrachte Physik für „unsichtbar“, für prinzipiell nicht beobachtbar hielt. Es handelt sich dabei um die Quarks, aus denen die Elementarteilchen aufgebaut sind, und um die Präonen, von denen die zeitgenössische Physik vermutet, sie seien Substrukturen der Quarks (eine Meinung, der man, wie wir noch sehen werden, mit einigen Vorbehalten begegnen muss). Die Komplexe Relativitätstheorie ist dank der Formensprache, über die sie verfügt, um das Imaginäre (das Unsichtbare) darzustellen, in der Lage, *eine eindeutige geometrische Darstellung* dieser „unsichtbaren" Aspekte des Universums zu geben. Sie bedeutet also eine Vervollständigung der bisherigen Physik, die sich auf die Darstellung der beobachtbaren, materiellen Seite des Universums beschränkte und dabei die Erforschung des Mentalen völlig außer acht ließ – obwohl dieses Mentale doch die gesamte Physik hervorgebracht hat!

PRÄONEN UND ÄONEN

Die erste Aufgabe der Komplexen Relativitätstheorie besteht darin, die *allgemeinsten* Gleichungen aufzustellen, mit denen sich das gequantelte, zyklisch pulsierende mentale Mikro-Universum darstellen lässt (siebzehn gekoppelte, nicht lineare integrierte Differenzialgleichungen, oder System E). Aus diesen Gleichungen ergeben sich zweierlei mentale Strukturen:

Die Sonderlösung „Präonen"

Die Struktur „Präon" entspricht einer Sonderlösung der allgemeinen Gleichungen (System E): Es ist jene Lösung, bei der die Materiedichte und die Temperatur der Schwarzstrahlung des mentalen Mikro-Universums beide gleich null sind. Ein solches Mikro-Universum hätte einen Radius, eine Pulsationsperiode und eine Gesamtenergie, die nur von der Energie des im mentalen Mikro-Universum rotierenden Neutrinos abhängig sind. Der durchschnittliche Radius und die Pulsationsperiode sind umgekehrt proportional zur Energie des Neutrinos. Die Präonen bilden ein kontinuierliches Energiespektrum zwischen 0 und unendlich.

Die generelle Lösung „Äonen"

Die Struktur „Äon" entspricht der *generellen* Lösung des Mikro-Universum-Modells nach System E. Diesmal sind sowohl die Energie des Neutrinos als auch Materiedichte und Temperatur des schwarzen Körpers nicht notwendigerweise gleich Null in dem Mikro-Universum. Die Energie der „Äonen"-Strukturen bilden ein *diskontinuierliches* Spektrum, entsprechend den steigenden Quantelungen der Rotationsbewegung des Neutrinos. Die drei ersten Energieniveaus entsprechen genau den Eigenmassen der drei bekannten geladenen Leptonen, Elektron, Myon und Tau. Doch es gibt auch noch andere, und sie weisen auf die mögliche Existenz schwerer Leptonen hin, deren Masse größer als die des Tau ist. Das vollständige Spektrum der Äonen wird durch gleiche Schwarzkörpertemperatur und gleiche Pulsationsperiode des äonischen Mikro-Universums charakterisiert (nur die Energie des Neutrinos ist von einem Äon zum anderen verschieden). Die Komplexe Relativitätstheorie berechnet, dass die ruhende elektrische Ladung eines Äons, die nur von der Schwarzkörpertemperatur der Photonenstrahlung abhängt, eben jene ist, die experimentell beobachtet wurde (elektrische Elementarladung).

DIE VIER WECHSELWIRKUNGEN UND DIE QUARKS

Ausgehend von diesen elementaren Strukturen des mentalen Mikro-Universums können *komplexere* Strukturen entstehen. Wir unterscheiden zwei derartige Strukturen:

Die Wechselwirkungen und die Präonen

Die vier *bekannten physikalischen Felder* (das elektromagnetische Feld und die schwache Wechselwirkung einerseits, die starke Wechselwirkung und die Gravitation andererseits) besitzen gemäß der Komplexen Relativitätstheorie eine „Mental-Seite“, die sich im imaginären Raum ausdehnt und sich zur „Materie-Seite“ im Raum der Realität komplementär verhält. Diese „Mental-Seiten“ bestehen aus einer überabzählbar unendlichen Menge von Präonen, deren Energien jenen der betreffenden Felder lokal entsprechen.

Die Quarks und die Äonen

Immer dann, wenn die lokale Energie eines starken Feldes einem der charakteristischen Energieniveaus des diskontinuierlichen äonischen Energiespektrums entspricht, verwandeln sich lokal die Präonen in Äonen. Das ist der Fall im starken Feld der Hadronen, das die Komplexe Relativitätstheorie als eine pulsierende Struktur beschreibt, deren Energiezustand zwischen einem Maximum (im Mittelpunkt des Hadrons) und Null (am Rand des Hadrons) schwankt. Die in der Komplexen Relativitätstheorie angestellten Untersuchungen über die hadronische Struktur zeigen auf, dass es in dieser Struktur sechs Energieniveaus gibt, auf denen die Präonen solcherart zu Äonen werden. Die Äonen der hadronischen Struktur stellen den „mentalen" Aspekt dar, während man den entsprechenden materiellen Aspekt als *Quarks* bezeichnet.

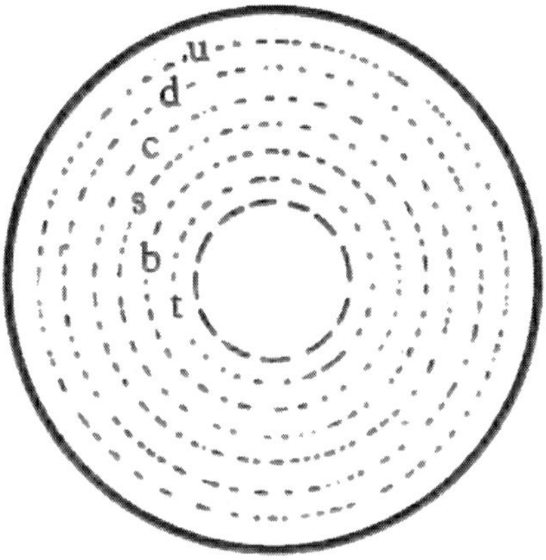

Die 6 Energieniveaus der Quarks in der hadronischen Struktur

Die hadronischen Äonen (oder Quarks) gruppieren sich, wie der obigen Zeichnung zu entnehmen ist, entlang der die Energieniveaus des Hadrons angebenden Linien, die ihre Entstehung möglich machen. Man kann feststellen, dass auf jedem Niveau dreierlei Umgruppierungen möglich sind: ein einziges Äon (oder Singulett), ein Paar Äon-Antiäon (wobei das Antiäon die gleiche Eigenmasse aber die entgegengesetzte Ladung hat), und schließlich ein Triplett, bestehend aus drei Äonen auf demselben Energieniveau. Die Komplexe Relativitätstheorie zeigt außerdem, dass bezüglich der elektrischen Ladung der Äonen ein „Sättigungseffekt" auftritt (analog der Sättigung der starken Wechselwirkungen), wenn sich mehrere Äonen auf demselben Niveau befinden: die elektrische Ladung der Elemente des Äonenpaars beträgt ± ⅔, die Elemente des Tripletts haben eine Ladung von ± ⅓ (d.h. dass die *Summe* der Ladungen auf jedem Niveau entweder 0 oder ± 1 beträgt).

Außerdem zeigt die Komplexe Relativitätstheorie, dass bei den Singulett- und den Paar-Zuständen eine Rotationsbewegung der Äonen auf diesem Niveau rund um das Hadronenzentrum sowie entlang der entsprechenden hadronischen Energieniveaulinie stattfindet. Aus der Berechnung geht hervor, dass es sich dabei um eine Wechselwirkung handelt, deren Stärke größenordnungsmäßig jener der starken Wechselwirkungen entspricht. Bei den Elementen des Triplett-Zustandes ist dagegen keine Rotationsbewegung feststellbar. Der Singulett-Zustand kann Energien zwischen 1 und 50 GeV erreichen, wenn man die Äonenrotation berücksichtigt (während die Energie des Paar-Zustandes immer gleich null ist, da jedes seiner beiden Elemente von gleicher, aber entgegengesetzter Energie ist).

Den „Materie-Aspekt" der Elemente der Hadronenniveaus nennen wir also „Quarks", und diese Quarks unterscheiden wir nach dem jeweiligen Niveau, das sie besetzen. Gemäß der Komplexen Relativitätstheorie muss es sechs Typen von Quarks geben, die wir in der Reihenfolge ihres abnehmenden Abstandes vom Hadronenzentrum und unter Verwendung der in der Quarkforschung allgemein üblichen Terminologie folgendermaßen bezeichnen: u (up), d (down), c (charm), s (strange), b (beauty), t (top). Wie oben gesagt, gibt es für alle Quarks drei mögliche Energiezustände, je nachdem, in welcher Weise sie das betreffende Niveau besetzen (d.h. auch je nach ihrer Ladung ± 1, ± ⅔, oder ± ⅓).

Die folgende Tabelle gibt eine Übersicht über die mithilfe der Komplexen Relativitätstheorie berechneten Energiezustände der Quarks.

Quark-Niveau	Name	Niveau-Radius 10^{-14} cm	Eigenenergie d. Quarks (GeV)	Dichte/Niveau 10^{-15} g/cm³	Zust. ± 1 (Singulett) Energie in GeV	Zustände −2/3 und + 2/3 Energie in GeV		Zustand ± 1/3 (Triplett) Energie in GeV	
						1 Quark	Ges. Energ.	1 Quark	Gesamtenergie
u	up	1,75	0,0005	0,003	1,09	1,09	0	0,0005	0,0015
d	down	1,74	0,103	8,21	1,09	1,09	0	0,103	0,309
c	charm	0,42	1,74	139	4,54	4,54	0	1,74	5,22
s	strange	0,17	3,39	270	10,9	10,9	0	3,39	10,17
b	beauty	0,12	5,04	401	15,2	15,2	0	5,04	15,12
t	top	0,04	6,64	534	46	46,1	0	6,64	19,92

Die Eigenenergien der drei ersten Quarks u, d und c entsprechen, wie wir gesehen haben, jenen der drei bekannten geladenen Leptonen (Elektron, Muon und Tau); die Quarks s, b und t wären demnach „schwere" Leptonen von höherer Energie als das Tau. Wahrscheinlich zerfallen sie in Elektronen und Neutrinos, wenn sie die hadronische Struktur verlassen.

Der Komplexen Relativitätstheorie zufolge bestehen die Hadronen also nicht allein aus Quarks (die für die schwachen und elektromagnetischen Wechselwirkungen verantwortlich sind), sondern auch aus einem Feld von starken und Gravitations-Wechselwirkungen. Die „mentalen“ Aspekte dieser materiellen Strukturen sind die Äonen beziehungsweise die Präonen, und diese „mentalen“ Aspekte können geometrisch eindeutig bestimmt und dargestellt werden. Die „Materie-Strukturen“ dagegen sind, wie wir gleich sehen werden, in Raum und Zeit der Realität nur unbestimmt lokalisierbar. Dies führt zu einer „probabilistischen“ Auffassung der Materie, die eine exakt definierte geometrische Darstellung der beobachteten Phänomene ausschließt.

DER MATERIE-ASPEKT IST EINE AUFENTHALTSWAHRSCHEINLICHKEITSWELLE

Wir haben also gesehen, dass sich die „Mentalseite“ des Universums (wenn dieses eine komplexe Geometrie besitzt) für jeden „Materiepunkt“ der beobachtbaren Realität darstellen lässt, und zwar als geschlossenes, pulsierendes Mikro-Universum, das sich zur Gänze im imaginären Teil der komplexen Raum-Zeit befindet und durch seine Eigenmasse, seine Schwarzkörpertemperatur und die Energie des in diesem Mikro-Universum rotierenden Neutrinos charakterisiert ist. Die Präonen entsprechen dem kontinuierlichen Energiespektrum jenes Sonderfalles, in dem die Eigenmasse und die Schwarzkörpertemperatur beide gleich null sind (und die Gesamtenergie gleich der Energie des Neutrinos). Die Äonen entsprechen dem diskontinuierlichen Energiespektrum, bei dem keines der drei Grundelemente des Mikro-Universums (Eigenmasse, Schwarzkörpertemperatur und Neutrinoenergie) gleich null ist.

Nun wollen wir versuchen, eine Darstellung der „Materieseiten“ im Raum der Realität zu geben, die sich zu den „mentalen“ Seiten (also den Präonen beziehungsweise Äonen) komplementär verhalten.

Die „Materieseite“ der Präonen ist die Aufenthaltswahrscheinlichkeitswelle Psi der Wellenmechanik.

Nach der Komplexen Relativitätstheorie hat das Neutrino des präonischen Mikro-Universums nicht nur einen halbzahligen Spin, sondern auch einen gleichwertigen Drehimpuls, da sich das Mikro-Universum in Pulsation befindet. Das Produkt dieser beiden Bewegungen führt in der Raum-Zeit der Realität zur Entstehung einer ganzzahligen Psi-Welle, ausgelöst durch die „Fusion" (im Sinne von Louis de Broglie) zweier halbzahliger Zustände. Diese Psi-Welle weist genau die Charakteristika jener Wahrscheinlichkeitswelle auf, die man aus der Wellenmechanik für einen Energiezustand gleich dem unseres Präons kennt.

Die Komplexe Relativitätstheorie ist jedoch in der Lage, den Ursprung dieser Psi-Welle anzugeben: sie verhält sich komplementär zu der Bewegung des Neutrinos im mentalen Mikro-Universum des imaginären Raumes. Diese Psi-Welle stellt also die „Materieseite" des betreffenden Präons dar.

Die „Materieseite" der Äonen ist ebenfalls die Psi-Welle, allerdings modifiziert durch das „Gedächtnis", das dem Äon eigen ist.

Der wohl wichtigste Aspekt, den die Komplexe Relativitätstheorie in die Physik eingebracht hat, ist der Beweis, dass die im Mikro-Universum des Äons eingeschlossene schwarze Photonenstrahlung das „Gedächtnis" dieses Mikro-Universums darstellt. Die Photonen haben hier sowohl einen ganzzahligen Spin als auch einen ganzzahligen Drehimpuls: bekanntlich führt die „Fusion" dieser beiden ganzzahligen gequantelten Zustände zu einem Gesamtwirkungszustand 2 h. Dieser Zustand umfasst nicht nur die Maxwellsche Darstellung der Psi-Welle (d.h. die vom äonischen Neutrino ausgesandte Wahrscheinlichkeitswelle), sondern außerdem noch *zusätzliche potenzielle Komponenten* (insgesamt 16 zum Quadrat, bei Psi also 256 anstelle von 16), die in Gestalt der Initialbedingungen dieser zusätzlichen Komponenten Zahlenwerte „annehmen" können. Die Komplexe Relativitätstheorie weist nach, dass diesen „bedeutungstragenden" Zahlenwerten (da jeder von ihnen sich auf Komponenten, d.h. auf determinierte Symbole bezieht) in der äonischen Mentalstruktur die Funktion bedeutungstragender Gedächtniselemente zukommt.

Im Übrigen sind die mit den schwarzen Photonen des äonischen Mikro-Universums assoziierten Gedächtniselemente *unauslöschlich,* da ja die Phänomene im äonischen Mikro-Universum *nicht der Entropie* unterliegen (negative Zeit). Wir haben es also mit einem kumulativen Gedächtnis zu tun (im Gegensatz zur „substitutiven" Informationsspeicherung der Computer). Wenn die bedeutungstragenden Erinnerungselemente zu zahlreich werden, *verdoppelt* das äonische Gedächtnis seine Quantelungsstufe und geht vom Zustand 2 h in den Zustand 4 h über. Wie es Louis de Broglie in seiner Arbeit über die Gesamtwirkungszustände n h (n = 1, 2, 3, 4, ...) so schön nachweist, bilden die äonischen Photonen in diesem Fall ein Feld, in dem die Gesamtzahl der Komponenten etwa für den Zustand 4 h: $16^4 = 65\,536$ beträgt, was ebenso vielen verfügbaren Gedächtnispositionen entspricht (und zwar wieder als Zahlenwerte, die in Form der Ausgangsbedingungen für die betreffenden Komponenten in das mnemische Feld eingehen). Indem sich der Zahlenwert seines Quantelungszustandes von einer Stufe zur nächsten jeweils verdoppelt, breitet sich das Gedächtnis aus und bleibt doch *kumulativ* (d.h. die bereits gespeicherten Elemente werden nicht „gelöscht"), wie es die „Negentropie" der äonischen Phänomene fordert.

Hierzu ist zu bemerken, dass diese jeweils durch „Verdoppelung" steigenden Werte der gequantelten Gedächtniszustände regelrechte „Schwellenüberschreitungen" des Gedächtnisses (oder „Bewusstseinssprünge") bewirken, wenn man bedenkt, wie rasch sich das verfügbare Gedächtnis von einer Stufe zur nächsten vergrößert. Hier nun die Anzahl der Komponenten (oder der bedeutungstragenden Elemente, die im mentalen Mikro-Universum gespeichert werden können) für die ersten fünf „Bewusstseinsstufen" des Mentalen:

$16^1 = 16$ (von einem Neutrino allein erzeugte Psi-Welle)

$16^2 = 256$ (gewöhnliche Photonen, Spin 1)

$16^4 = 65\,536$ (Photonen mit Gesamtspin 2, d. i. 1 und 2)

$16^8 \approx 4.3 \times 10^9$ (Photonen mit Gesamtspin 4, d. i. 1, 2 und 4)

$16^{16} \approx 1.8 \times 10^{19}$ (Photonen mit Gesamtspin 8, d. i. 1, 2, 4 und 8)

Aufgrund der *Kopplung* mit der vom Neutrino ausgehenden Aufenthaltswahrscheinlichkeitswelle Psi, deren Komponenten notwendigerweise auch im Schwarzstrahlungsfeld der Äonen aufscheinen, und zwar unabhängig vom Quantelungszustand, *verändert sich* die Psi-Welle, je mehr neue „Erinnerungselemente" gespeichert werden. Das Feld der „Verhaltenswahrscheinlichkeit" präzisiert sich also immer mehr, sodass das Verhalten immer weniger „probabilistisch" anmutet. Es passiert letztlich das, was bei jedem „bewussten" Individuum feststellbar ist: je „bewusster" es wird, d.h. je zahlreicher die bedeutungstragenden Elemente werden, die es in seinem Gedächtnis zu kumulieren und miteinander zu verknüpfen in der Lage ist, desto weniger „aleatorisch" wird sein Verhalten; das Individuum weiß, „was es tut" und vor allem „wohin es geht". Die Komplexe Relativitätstheorie zeigt, dass ein solches Verhalten, das mit fortschreitender Entwicklung des Gedächtnisses immer „determinierter" wird, bereits auf der „Mentalebene" der Äonen anzutreffen ist.

„Beobachtbar" ist nicht die Psi-Welle, sondern die punktförmige Schnittstelle zwischen dem mentalen Mikro-Universum und der Psi-Welle.

Das mentale Mikro-Universum, ob Präon oder Äon, ist immer „in Aktion", da von ihm in jedem Fall und ununterbrochen eine Psi-Welle ausgeht und von den Äonen außerdem auch noch ein schwaches Feld. Uns interessiert jedoch nicht nur das Feld, sondern auch der Ursprung dieses Feldes: es ist die Schnittstelle zwischen dem mentalen Mikro-Universum und dem von diesem Mikro-Universum ausgehenden Feld. Wir werden sehen, dass diese Schnittstelle punktförmig ist und dass ihre „Spur" im Raum der Realität die Bahn des Psychomaterieteilchens (Mentales + Materie) bestimmt.

Die im mentalen Mikro-Universum ablaufenden Phänomene haben als komplementäre Seite in der Realität Wellenphänomene, die aus einer punktförmigen, „irgendwo" am Horizont dieses Mikro-Universums gelegenen Quelle stammen.

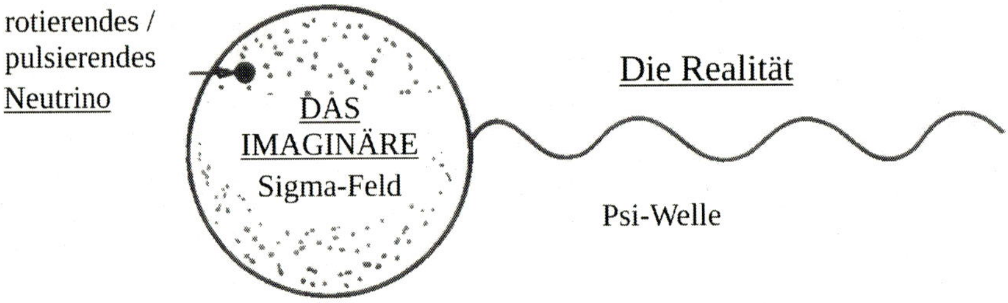

Die Koordinaten jedes Punktes des mentalen Mikro-Universums sind *komplex*, d.h. er hat eine im Imaginären gelegene „Seite" und eine komplementäre „Seite" in der Realität (Zweieinheit Mentales/Materie). Was ist nun die „Spur", welche die Gesamtmenge der Punkte, die das Mikro-Universum des Imaginären ausmachen, in der Realität hinterlässt? Die Astrophysiker, die die kosmischen Schwarzen Löcher erforschen und es mit einem ähnlichen Problem zu tun haben, sagen, dass der unsichtbare Teil des Schwarzen Lochs einen „Horizont" hat, der in die uns umgebende kosmische Raum-Zeit hineinreicht. Und *an jedem Punkt* dieses Horizonts treffen die kumulierten Wirkungen *der Gesamtheit aller* Phänomene, die im mentalen Mikro-Universum im Verlauf einer Pulsationsperiode des Mentalen ablaufen, zusammen. Mathematisch ist dies (wie zum Beispiel John Archibald Wheeler gezeigt hat) verifizierbar, indem man das Integral über Raum *und Zeit* aller Horizontpunkte eines solchen, einem „Schwarzen Loch“ ähnlichen Mikro-Universums berechnet: dieses Integral ist null, was den *punktförmigen* Aspekt jeder Manifestation des mentalen Mikro-Universums (oder Schwarzen Lochs) im Raum der Realität bestätigt. Wir haben es hier wiederum mit einem der paradoxen Aspekte der „Berührung“ von Imaginärem und Realität zu tun: obwohl sich sein Horizont im Raum der Realität „ausdehnt“, manifestiert sich das mentale Mikro-Universum in dieser Realität durch eine „irgendwo“ an diesem Horizont gelegene *punktförmige* Quelle. Was auf die Behauptung hinausläuft, dass die genaue Lokalisierung dieser Quelle im Bereich des Horizonts *keine Rolle spielt,* da ein Beobachter, unabhängig davon, an welcher Stelle des Horizonts er sich befindet, die *gleichen,* immer von einer punktförmigen Quelle ausgehenden Phänomene feststellen wird. Daraus lässt sich ableiten, dass unsere reale kosmische Raum-Zeit eine *gekörnte* Struktur aufweisen muss: allein durch seine Präsenz reduziert jedes mentale Mikro-Universum die in der realen Raum-Zeit sich ausdehnende Zone seines Horizonts auf einen *punktförmigen* Aspekt. Das mit diesem Horizont verbundene Raumvolumen sowie die der mentalen Pulsationsperiode entsprechende Zeit gehen in die formalistische Beschreibung nur ein, um die Impulsenergie zu erklären, die sich als punktförmige, vom Mentalen ausgehende Quelle darstellt (denn da die Impulsenergie eines im strengen Sinn punktförmigen Raum-Zeitvolumens gleich Null sein muss, kann es nicht als Energiequelle fungieren). Man kann daher sagen, dass alle Raumpunkte des mentalen Horizonts und alle Zeitpunkte einer mentalen Periode durch einen *einzigen* Wert auf der Raumkoordinate und einen einzigen Wert auf der Zeitkoordinate „angegeben“ werden müssen. An diesem punktförmigen Ort im Raum laufen zu diesem *Zeitpunkt* Phänomene ab, die eine räumliche und eine zeitliche Ausdehnung besitzen ... allerdings in einem *anderen* Universum, dem des Mentalen nämlich, das seinen eigenen Raum und seine eigene Zeit hat.

Die Entstehung der Formen im realen Raum

Diese örtliche „Zusammenziehung“ von realem Raum und realer Zeit, durch die ein Volumen, das nicht gleich null ist, auf einen einzigen Punkt reduziert wird, diese Reduktion des Horizonts eines Präons oder eines Äons auf einen Punkt, hat *geometrische* Auswirkungen auf die reale

Raum-Zeit. Das hatte ja schon Einstein gespürt, als er die *Riemannsche* Geometrie zur Darstellung der *realen* Raum-Zeit vorschlug (die man damals mit dem gesamten Universum gleichsetzte). Doch das Vorhandensein der mentalen Mikro-Universa im imaginären Teil des Universums bewirkt eine Deformation der realen Raum-Zeit, d.h. es bringt in der Realität *Formen* hervor.

Bei der *Darstellung* dieser Formen in der Realität stoßen wir allerdings auf Schwierigkeiten: die Reduktion des Horizonts eines mentalen Mikro-Universums (Äon oder Präon) *auf einen einzigen Punkt verschleiert* den dabei zur Anwendung gekommenen Verkleinerungsmaßstab, da ein Punkt, dessen raumzeitliche Ausdehnung gleich null ist, in jedem Fall einer unendlichen Reduktion eines endlichen Raum-Zeit-Volumens (hier der betreffende Horizont) gleichkommt. De facto entnehmen wir dem vorher Gesagten, dass jeder Punkt der realen Raum-Zeit nicht lokalisierbare, aber begrenzte, in einer anderen Raum-Zeit sich ausdehnende Regionen (Präonen und Äonen) sozusagen „unterspannt". Die Komplexe Relativitätstheorie, die sich auf einen geometrischen Formalismus stützt, erkennt und löst diese Schwierigkeit, indem sie die Notwendigkeit aufzeigt, zwei neue *absolute Konstanten* einzuführen, von denen die eine ein räumliches Volumen und die andere eine zeitliche Dauer bezeichnet.

Mithilfe dieser Konstanten kann man jeder lokalen Verformung an jedem Punkt der Realität eine „Krümmung" der Raum-Zeit an diesem Punkt (genauer gesagt eine skalare Riemannsche Krümmung) zuordnen. Die Komplexe Relativitätstheorie zeigt, dass diese beiden absoluten Konstanten erstens die Pulsationsperiode des Äons und zweitens das Durchschnittsvolumen seines pulsierenden Horizonts sind. Erst die Einführung dieser zwei Konstanten, mit deren Hilfe man die geometrischen Charakteristika jedes Punktes in der Realität ausdrücken kann, macht aus dem realen Raum eine *Menge von Formen*. Jedes mentale Mikro-Universum hingegen, das ja durch „Fusion" gequantelter Neutrino- und Photonenzustände entsteht, besteht aus vielfältigen Komponenten des diese Fusion darstellenden Gesamtfeldes, wobei für jede Komponente bestimmte Ausgangsbedingungen (Zahlen) gegeben sind. Diese Komponenten des mentalen mnemischen Feldes, denen Zahlen zugeordnet sind, haben wir *Symbole* genannt.

Unser Universum ist also ein Universum der Formen (die Realität) und der Symbole (das Imaginäre).

Die Bewegungen des Psychomaterieteilchens im realen Raum definieren die „Bahn“ dieses Teilchens.

Da in der Realität die punktförmige Quelle der von einem Präon oder Äon ausgehenden Psi-Welle in jedem Augenblick beobachtbar ist, kann man, ohne Gefahr zu laufen, missverstanden zu werden, von der „Bahn“ des Psychomaterieteilchens sprechen, dessen Präon oder Äon ein mentales Mikro-Universum darstellen. Die Quantenmechanik, die alle Phänomene nur auf die Raum-Zeit der Realität bezog und in ihre Darstellung daher nur die Psi-Welle der Aufenthaltswahrscheinlichkeit einbezog, nicht aber das mentale Mikro-Universum, das der Ursprung dieser Psi-Welle ist, lehnte es ab, den Begriff „Bahn“ auf ein Materieteilchen anzuwenden: Man erinnere sich an Heisenberg, der die praktische Unmöglichkeit „bewies“, ein Korpuskel zu beobachten, ohne die reale Bahn, die dieses Korpuskel vor der Beobachtung gehabt hatte, zu „löschen“. In der Komplexen Relativitätstheorie fällt dieses Argument weg: in jedem Augenblick existiert ein *eindeutig definiertes* mentales Mikro-Universum, von dem ständig die Wahrscheinlichkeitswelle Psi ausgeht, wobei die punktförmige Schnittstelle von Mikro-Universum und Welle die gesuchte Bahn eindeutig bestimmt, die ihrerseits durch ihre Raum-Zeit-Koordinaten in der Realität geometrisch exakt darstellbar ist.

Wohl behält die Psi-Welle jedes Psychomaterieteilchens ihren Wahrscheinlichkeitscharakter, doch erscheint sie in der Komplexen Relativitätstheorie als eine Art „Radarwelle“, die das Teilchen um sich herum aussendet, um sich dem umgebenden Universum mitzuteilen und die Regionen der Außenwelt kennenzulernen, gemäß deren physikalischen Gesetzen es seine Bahn ausrichten kann. Das Psychomaterieteilchen kann beispielsweise nicht in eine Region gelangen, in der die Psi-Welle ihm keine positive Aufenthaltswahrscheinlichkeit anzeigt. Wenn das mentale Mikro-Universum über ein „bedeutungstragendes Gedächtnis“ (Äonen) verfügt, so kann, wie wir sahen, die Psi-Welle dieses Mikro-Universums merklich anders beschaffen sein, als wenn dieses Gedächtnis nicht vorhanden ist (Präonen), denn das Gedächtnis „bevorzugt“ gewisse Bahnen, sodass in diesen Regionen die Aufenthaltswahrscheinlichkeiten deutlich höhere sind. Ein Beispiel dafür wollen wir später behandeln, und zwar das „Einstein-Podolski-Rosen-Paradoxon“, bei dem sich dieser Effekt auf die Psi-Welle des äonischen Gedächtnisses nachweisen lässt. Doch wie auch immer die Psi-Welle beschaffen ist, dem Psychomaterieteilchen steht es jedenfalls frei, seine Bahn in Richtung auf all jene Regionen auszurichten, für die die Psi-Welle eine für das Teilchen positive Aufenthaltswahrscheinlichkeit angibt. Dies ist ein wichtiges Ergebnis der Komplexen Relativitätstheorie, auf das wir in der Folge näher eingehen wollen.

DAS MENTALE IST NICHT DER GEIST: DOCH DER GEIST IST IMMER DA. ER „ERSCHAFFT“ AUS DER GESAMTHEIT ALLER MÖGLICHEN VERHALTENSWEISEN EIN „FREI GEWÄHLTES“ VERHALTEN.

Die endlosen Diskussionen, die das Problem der „versteckten Variablen“ in der Quantentheorie ausgelöst hat und die bis heute nicht ganz verstummt sind, sind sattsam bekannt. Gibt es Parameter, welche die Quantentheorie nicht (oder noch nicht) berücksichtigt, und durch deren Entdeckung das Wahrscheinlichkeitsmodell durch eine „vollständigere“ Darstellung ersetzt werden könnte? Man nimmt (im Allgemeinen) an, dass diese „versteckten“ Parameter, falls es solche gibt, keinesfalls zu der seinerzeitigen deterministischen Darstellung zurückführen könnten: Man würde sich damit zufriedengeben, endlich zu „verstehen“, wie solche Variablen allein durch die Tatsache ihrer Existenz einen „Wahrscheinlichkeitsmechanismus“ rechtfertigen, der die Entstehungsprozesse der Phänomene unausweichlich beherrscht – und im Grunde nur eine Art „Würfelspiel“ wäre, das die physikalischen Vorgänge bestimmt. Albert Einstein scheint mit seinem berühmten Ausspruch: „Der liebe Gott würfelt nicht“ diesen Weg ausgeschlossen zu haben. Tatsächlich versuchte er (mit seiner Allgemeinen Relativitätstheorie und deren streng deterministischer Darstellung) zur Möglichkeit einer vollständigen und genauen Vorhersehbarkeit aller Phänomene zurückzukehren.

Auf den ersten Blick ist die Komplexe Relativitätstheorie Wasser auf die Mühlen der „versteckten Variablen“: tatsächlich gelangt sie zu einer Quantifizierung der Allgemeinen Relativitätstheorie und weist die Existenz eines „Teilchengedächtnisses“ nach, das man als Fundstelle eben dieser versteckten Variablen betrachten könnte. Wir haben ja gesehen, dass dieses Gedächtnis in direkter Wechselwirkung mit der Aufenthaltswahrscheinlichkeitswelle Psi steht, und diese Wechselwirkung je nach Teilchen verschieden ist, da ja die gespeicherten Inhalte von Fall zu Fall verschieden sind. Dies scheint auf den ersten Blick eine Bestätigung der Wahrscheinlichkeitshypothese zu sein, und zwar eine überzeugendere als das einfache „Würfelspiel“. Einstein hätte sich einer solchen Teilchengedächtnis-Interpretation bestimmt nicht verschlossen.

Doch bei näherer Betrachtung ist diese Interpretation im Hinblick auf den heutigen theoretischen und experimentellen Wissensstand über die Wahrscheinlichkeitslehre höchst unzureichend.

Erstens würde diese Interpretation auf eine „statistische Wahrscheinlichkeit" hinauslaufen: jedes Teilchen würde, unter Berücksichtigung seines Gedächtnisses, das *wahrscheinlichste* Verhalten annehmen, das ihm von seiner eigenen Psi-Welle angezeigt wird. Sein individuelles Verhalten wäre also streng determiniert; nur durch die Vielfalt und Verschiedenartigkeit der Gedächtnisse könnte es zu den tatsächlich beobachteten Wahrscheinlichkeiten kommen, das heißt, die Wahrscheinlichkeit würde sich aus einer rein *statistischen* Betrachtung der Verhaltensweisen einer *großen Zahl* von Teilchen ableiten. Was der „Kopenhagener Interpretation" (Nicht-statistische Wahrscheinlichkeit), die experimentell erhärtet ist, widerspräche.

Weiterhin müssen wir feststellen, dass die Komplexe Relativitätstheorie die Existenz gewisser Psychomaterieteilchen *ohne Gedächtnis* nachweist. Es handelt sich um die Präonen, die die Gravitation und die starken Felder bilden. Soll das heißen, dass das Verhalten der Präonen nicht den Wahrscheinlichkeitsgesetzen folgt, obwohl sie genau wie die Äonen eine Wahrscheinlichkeitswelle Psi aussenden? Diese Annahme ist natürlich nicht akzeptabel.

Ein weiteres Argument, welches widerlegen soll, dass das „Teilchengedächtnis" jenes neue Element ist, das die beobachtete Wahrscheinlichkeit zu rechtfertigen vermag, basiert auf der Hypothese – dass die Teilchengedächtnisse nicht leer sind. (Wenn sie leer sind, wozu dann überhaupt von ihnen reden?) Sie sind tatsächlich nicht leer, und zwar deshalb, weil zumindest einige von ihnen irgendwann bedeutungstragende Symbole völlig neu „geschaffen" haben, Symbole, die sie von keinem anderen Gedächtnis „übernommen" haben. Wäre dem nicht so, könnte es nicht zu jener ständigen Vermehrung der gespeicherten Symbole kommen, für die uns die Evolution (im Mineral-, Pflanzen-, Tier- und Menschenreich) den besten Beweis zu liefern scheint. Unsere gedächtnisbegabten Teilchen sind (dank der den höchsten Ansprüchen genügenden „Software", über die sie verfügen) wie kleine Roboter in der Lage, mit ihrer Außenwelt und anderen, ähnlichen Robotern in dieser Außenwelt Informationen auszutauschen. Doch wenn es sonst nichts gäbe, wenn die Roboter ausschließlich unter sich wären, wie hätten sie dann ihre Software „geschaffen"? Man muss also annehmen, dass sie nicht allein auf sich gestellt sind, sondern mit „jemandem" in Verbindung stehen, der sich um sie kümmert; und dieser „jemand" muss zu allen „Möglichkeiten" Zugang haben und gänzlich neue

Informationen in die Robotergedächtnisse einspeichern können, über die noch keines dieser Gedächtnisse verfügt.

Logischerweise müssen wir bei unseren Äonen und Präonen ähnliches vermuten: sie besitzen die Fähigkeit, neue Verhaltensweisen zu „schaffen", die ihnen weder von ihrem Gedächtnis noch von ihrer Psi-Welle vorgegeben sind. Anders gesagt, sie können bis zu einem gewissen Grad ihr Verhalten „frei" bestimmen, wenn auch, wie wir gesehen haben, die Erweiterung ihres Gedächtnisses sie schrittweise zu einer Psi-Welle führt, die ihnen ein immer stärker determiniertes Verhalten „suggeriert".

Zur Klärung dieses Begriffs der inneren Freiheit wollen wir nochmals auf Rene Descartes zurückkommen. Descartes zufolge muss man logischerweise annehmen, dass an der Verbindungsstelle zwischen Mentalem und Materie „jemand" ist, der zugleich mein Mentales und meine Materie „betrachten" kann, der also weder mit meinem Mentalen noch mit meiner Materie identisch ist, sondern mein eigentliches Bewusstsein darstellt, und den ich deshalb mein „Ich" oder meinen Geist nenne. Und dieser Geist, fügt Descartes hinzu, steht in Verbindung mit der Gesamtheit aller „Möglichkeiten", die er selbst Gott nennt und die wir das *Seiende* nennen wollen (um bei der Terminologie zu bleiben, die mehrere Physiker wie etwa Bernard d'Espagnat heute verwenden).

Das Seiende ist also die Gesamtheit aller Möglichkeiten; und durch die Vermittlung meines Geistes, durch eine mehr intuitive als rationale Vorgangsweise kann ich, ausgehend von dieser Gesamtmenge aller Möglichkeiten, das Verwirklichte „erschaffen".

Es lässt sich annehmen, dass diese Schlussfolgerungen nicht allein für mich, als menschliches Individuum, sondern auch für die Gesamtheit aller Psychomaterieteilchen gelten, aus denen ich bestehe. Besser gesagt, diese Schlussfolgerungen gelten für mich, *eben weil sie auch für diese Teilchen gelten*. Bereits auf der niedrigsten Organisationsstufe haben die Teilchen die Freiheit, ihr Verhalten unter allen zulässigen (d.h. von den physikalischen Gesetzen und dem persönlichen Gedächtnis jedes Teilchens gestatteten) Verhaltensmöglichkeiten *frei zu wählen*. Diese fundamentale Freiheit ist meiner Meinung nach die einzig befriedigende Erklärung für jene „nicht statistische Wahrscheinlichkeit", von der das experimentell erwiesene Verhalten der *individuellen* Psychomaterieteilchen zeugt. Am Rande sei vermerkt, dass dieses Postulat einer „schöpferischen Kraft" der Psychomaterie, die in den Ablauf der Phänomene eingreift, mit der quantentheoretischen Interpretation der „multiple worlds" John Wheeler) übereinstimmen würde: unter allen *möglichen* Welten, bestehend aus allen möglichen Verhaltensweisen der gesamten Materie des Universums, „wählt“ diese Materie schließlich „eine einzige“ Welt aus. Auch diese Theorie bietet eine Erklärung für die experimentell beobachtete *nicht statistische* Wahrscheinlichkeit.

DIE „KOMPLEXE“ DARSTELLUNG DES UNIVERSUMS

Die Realität ist „Schein“, einzig das Imaginäre ist „konkret“.

Mit ihrer Darstellung eines Universums, in dem jeder Punkt als Zweieinheit Mentales/Materie (Psychomaterie) und die komplexe Raum-Zeit als „zweiseitig“ (Imaginäres und Realität) aufgefasst wird, verändert die Komplexe Relativitätstheorie in radikaler Weise das Bild des Universums, wie wir es aus der klassischen Physik kennen. Der Unterschied liegt nicht nur darin, dass das Mentale in die wissenschaftliche Darstellung einbezogen wird, sondern auch (und vielleicht vor allem) darin, dass das, was man bisher „Materie“ nannte, gewissermaßen aus der Realität „evakuiert“ und ins Imaginäre versetzt wird. Träger der Impuls-Energie des Universums sind die mentalen Mikro-Universa (Präonen und Äonen); und ebendiese mentalen Mikro-Universa bewirken die örtliche „Krümmung“ der realen Raum-Zeit; die Aufenthaltswahrscheinlichkeitswelle Psi ihrerseits entspringt der Bewegung des Neutrinos in diesen Mikro-Universa; sie bildet im Übrigen eine Phasenwelle (deren Geschwindigkeit immer größer ist als die Lichtgeschwindigkeit c), die keinerlei Energie überträgt. Und wenn jemand das mit dieser Psi-Welle gekoppelte „Korpuskel“ beobachtet, so ist das, was der Beobachter wahrnimmt, wiederum nur die punktförmige Spur, die dieses mentale Mikro-Universum in der Realität hinterlässt. Kurzum, im komplexen Universum ist die Realität nichts anderes als der beobachtbare *Schein* eines Imaginären, das seinerseits sehr wohl „konkret“, aber nicht unmittelbar beobachtbar ist. Nachdem wir bisher glaubten, die Realität sei die „objektive“ Wirklichkeit, das Imaginäre dagegen „rein imaginär“, stellen wir nun plötzlich fest, dass die Realität nichts als Schein ist, während das Imaginäre das einzig „Konkrete“ hier auf der Erde ist. Um gerecht zu sein, müssen wir allerdings zugeben, dass die östliche Weisheit uns schon seit Jahrtausenden von dieser Tatsache überzeugen wollte, doch welcher unserer westlichen „Gelehrten“, die so sicher sind, das Licht der Erkenntnis für sich allein gepachtet zu haben, konnte solche „Träumereien“ schon ernst nehmen?

Die wechselnden Vorstellungen, die sich die Physiker im Laufe unseres Jahrhunderts von der Struktur des einzelnen Elementarteilchens gemacht haben, lassen sich etwa folgendermaßen schematisieren:

1. Zu Beginn unseres Jahrhunderts betrachtete die Physik das Teilchen als eine Art „Billardkugel". Man stellte es sich etwa kugelförmig vor und sprach ihm ausschließlich physikalische Eigenschaften zu; und natürlich situierte man es zur Gänze in der wahrnehmbaren Realität ... einer Realität, von der man annahm, sie konstituiere das gesamte Universum. Der imaginäre Raum, von dem wir heute sprechen, war einfach „Nichts", er „existierte nicht".

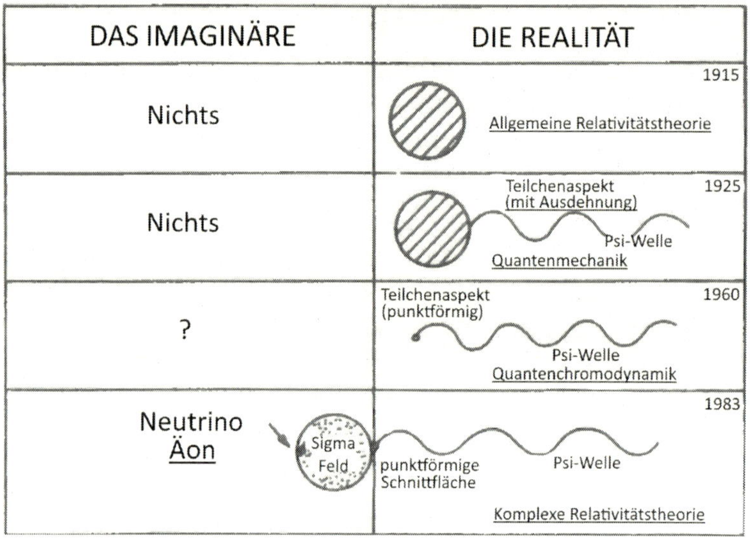

2. Dann, etwa um 1925, stellten die Physiker fest, dass das „Billardkugel-Modell" nicht *allen* beobachteten Eigenschaften des einzelnen Teilchens gerecht zu werden vermag. Dieses Teilchen hat vielmehr auch einen *Wellenaspekt,* darstellbar als Psi-Welle, die sich in der realen Raum-Zeit ausbreitet. Doch diese Psi-Welle ist eine Welle besonderer Art, eine sogenannte „Phasenwelle", die keinerlei „objektive" Eigenschaften besitzt (sie lässt sich daher nicht direkt beobachten). Diese „Nicht-Objektivität" der Psi-Welle drückt sich übrigens in der Tatsache aus, dass ihre Geschwindigkeit *immer* größer ist als die Lichtgeschwindigkeit ... die freilich ihrerseits seit Einsteins Spezieller Relativitätstheorie (1905) als eine Geschwindigkeit definiert wird, die von keinem „objektiven" Phänomen übertroffen werden kann. Gemessen am Bezugssystem des Teilchens selbst ist die Psi-Welle

eine Kugelwelle, deren Geschwindigkeit *unendlich* ist, d.h. sie erreicht im selben Augenblick gleichzeitig *alle* Punkte des realen Raumes, wie weit entfernt diese auch immer sein mögen. Ab diesem Zeitpunkt bedarf es einer Ergänzung des überkommenen Teilchenmodells: Der simplen Billardkugel muss die rätselhafte Psi-Welle hinzugefügt werden. Die Wellen- (oder die Quanten-)mechanik sprechen nun von einem Welle-Korpuskel-Dualismus, von der Komplementarität der Teilchen- und der Wellen- (oder Feld-)Eigenschaften des Elementarteilchens, das aber nach wie vor eine Einheit darstellt, immer noch unser „Einzelteilchen" ist. Es besitzt aber nun einen Teilchen- und einen Wellenaspekt. Die Psi-Welle, die ja keinerlei „objektive" Eigenschaften besitzt, wird als „subjektive" Welle bezeichnet. Das Quadrat ihrer Amplitude informiert den menschlichen Beobachter nur über die Wahrscheinlichkeit, mit der er zu einem gegebenen Zeitpunkt das beobachtete Teilchen hier oder dort antreffen wird. Zum ersten Mal wird das „Subjektive" in die Darstellung des Elementarteilchens einbezogen, doch geht man mit diesem Begriff noch ein wenig ungeschickt um: Man betrachtet diese Subjektivität nicht als Eigenschaft des Teilchens selbst, sondern als Eigenschaft des *beobachtenden Menschen*. Eine eigenartige Vermischung von mentalen Eigenschaften des Menschen und „lebloser" Materie, aber doch vielleicht eine Vorahnung dessen, was die Komplexe Relativitätstheorie 50 Jahre später präzisieren wird, indem sie ohne Umschweife von der Wechselwirkung zwischen Mentalem und Materie spricht.

3. In den Sechzigerjahren entdeckt die Physik, dass sich auch der Teilchenaspekt nicht mit einer „Billardkugel" vergleichen lässt, d.h. einem Objekt mit endlichen, messbaren Dimensionen ungleich Null. Dieser Teilchenaspekt ist vielmehr *punktförmig*, d.h. man kann ihn hinsichtlich seiner räumlichen Struktur und seiner Wechselwirkungen einem „mathematischen" Punkt gleichsetzen (der ausdehnungslos ist und daher per definitionem keinerlei geometrische Form besitzt). Damit sind die *Quarks* „geboren", jene punktförmigen Teilchen, aus denen letztlich die Hadronen, welche den Atomkern bilden, bestehen. Binnen kurzer Zeit wird dann *allen* bekannten Elementarteilchen (Leptonen, Photonen) gleichermaßen ein „punktförmiger" Teilchenaspekt zugeschrieben. Etwas später wird sogar diese „Punktförmigkeit" selbst noch weiter unterteilt: man nimmt nun an, die Quarks ihrerseits könnten punktförmige Substrukturen besitzen, die man *Präonen* nennt. Die *Quantenchromodynamik* hält ihren Einzug in die Physik; den punktförmigen Objekten werden nun „subjektive" Eigenschaften zugeschrieben, Eigenschaften, die wieder dazu dienen, dem menschlichen Beobachter Informationen zu liefern. Diese subjektiven Eigenschaf-

ten heißen beispielsweise Fremdartigkeit (strangeness), Farbe, Schönheit (beauty), Zauber (charm) ... Die subjektive Psi-Welle gibt es immer noch, doch sie bezieht sich nun auf *jedes* punktförmige Teilchen. Und nun muss man seltsamerweise feststellen, dass die Realität ihres konkreten, „objektiven" Inhalts buchstäblich „entleert" ist: die fortschreitende physikalische Analyse hat schließlich zu einer Realität geführt, die aus ausdehnungslosen Punkten besteht, von denen jedem eine subjektive Psi-Welle zugeordnet ist. Ja, wo ist nur die gute alte Einsteinsche „Energie" hingekommen, die einst die gesamte reale Raum-Zeit ausfüllen sollte?

4. Die einsteinsche Raum-Zeit hat sich erweitert, und zwar um eine imaginäre Raum-Zeit, die sich zur Raum-Zeit der beobachtbaren Realität komplementär verhält. Dort und nur dort befindet sich letztendlich (paradoxerweise) die Energie. Die Realität ist also Träger des Subjektiven, das Imaginäre Träger des Objektiven. *Jedes* Teilchen hat einen „imaginären" Aspekt, der sich als geschlossenes und in Pulsation befindliches Mikro-Universum darstellt und zur Gänze im imaginären Raum angesiedelt ist. Seine Struktur vermögen die Gleichungen der Komplexen Relativitätstheorie präzise anzugeben. (Präonen und Äonen). Es gibt, anders gesagt, so viele imaginäre Mikro-Universa mit unabhängiger Raum-Zeit, wie es Einzelteilchen gibt. Jedes dieser imaginären Mikro-Universa ist Ursprung der subjektiven Psi-Welle des Teilchens, einer Welle, die sich im realen Raum ausbreitet; doch diese Welle ist eine Eigenschaft des Teilchens selbst und nicht des Beobachters, der dieses Teilchen in der realen Raum-Zeit zu lokalisieren versucht. Der „punktförmige" Aspekt des Teilchens ist nichts anderes als die punktförmige Schnittfläche (Horizont), die das imaginäre Mikro-Universum des Teilchens von der Realität trennt. Durch dieses neue Teilchenmodell kommt ein Aspekt ganz besonders zur Geltung: Jedes Materieteilchen verfügt in seinem imaginären Mikro-Universum über ein „bedeutungstragendes Gedächtnis" Sigma, das man von nun an in die *vollständige* Erklärung des *Individualverhaltens* jedes Teilchens einbeziehen wird müssen.

Eine Reise auf dem Rücken der Psychomaterie

Welches Bild der „beobachtbaren Realität" entwirft also der Formalismus der Komplexen Relativitätstheorie: Begeben wir uns beispielsweise in das Bezugssystem des *Elektron* genannten Psychomaterieteilchens, dessen mentales Mikro-Universum das Äon mit minimaler Masse und dessen Materieseite die Psi-Welle dieses Teilchens ist, die von der punktförmigen Quelle an der Schnittstelle von Mentalem und Materie ausgeht. Wir betrachten dieses Elektron nun zu einem gegebenen Zeitpunkt T der beobachtbaren Raum-Zeit (Realität). Was nun nimmt man, bzw. was nimmt das Elektron innerhalb seines eigenen Bezugssystems zu diesem gegebenen Zeitpunkt T wahr?

Die Psi-Welle ist hier eine Kugelwelle, die sich mit unendlicher Geschwindigkeit um das Elektron ausbreitet und dabei alle lokalen Formen der Raum-Zeit zu diesem gegebenen Zeitpunkt T „annimmt". Diese Formen stellen die „Initialbedingungen" der Psi-Welle dar. Das mentale Mikro-Universum des Elektrons erhält dadurch *simultane* Kenntnis von der „Formenlandschaft" in seiner Außenwelt, und zwar bis hin zu den am *weitesten entfernten* Formen dieser Welt. Erkenntnis wird hierbei also durch Formen vermittelt, d.h. durch die Wechselwirkung der Psi-Welle mit den starken Feldern und den Gravitationsfeldern. Diese Felder üben auch eine unmittelbare lokale Wirkung auf das Verhalten des Elektrons aus: dieses muss sich nämlich an die Geodätik der lokalen Form seiner Außenwelt halten. Dies bedeutet allgemein, dass das Elektron in jedem Bezugssystem, das nicht sein eigenes Bezugssystem ist, „in Bewegung" ist. In einem solchen äußeren Bezugssystem hat das Elektron in der Vergangenheit (t kleiner als T) eine genau definierte punktförmige Bahn; für jeden späteren Zeitpunkt (t größer als T) gibt seine Psi-Welle seine Aufenthaltswahrscheinlichkeit an diesem oder jenem Ort an.

Darüber hinaus steht (wie die Komplexe Relativitätstheorie zeigt) das mentale Mikro-Universum unseres Elektrons in „virtueller" Wechselwirkung mit *allen* Präonen und Äonen der umgebenden imaginären Raum-Zeit: hierbei handelt es sich um schwache und elektromagnetische Wechselwirkungen. Diese virtuellen Wechselwirkungen auf Distanz sind ebenfalls simultan, doch hängt ihre Intensität von der Entfernung ihrer „Quellen" ab.

Zum gegebenen Zeitpunkt T unterliegt unser Elektron also bestimmten physikalischen Wechselwirkungen; es kennt die äußere „Landschaft" und kann (unter Berücksichtigung der Elemente seines eigenen Gedächtnisses) sein Verhalten zu diesem gegebenen Zeitpunkt „frei wählen". Natürlich ist einen Augenblick später schon wieder alles ganz anders, somit auch das Verhalten, für das sich das Elektron diesmal entscheiden wird.

Um sein Verhalten gegenüber jenem, das es zum Zeitpunkt t = T hatte, zu verändern und jenes Verhalten anzunehmen, das es zum Zeitpunkt t größer als T nun wählt, braucht das Elektron nur die lokale Geodätik des Ortes, an dem es sich befindet, zu verändern, da es ja (wie jeder Punkt in der Komplexen Relativitätstheorie) an diesem bestimmten Ort nicht nur der Gravitationsgeodätik, sondern auch einer raumzeitlichen Geodätik folgt. Hier kommt die *Zweieinheit* von Symbolen und Formen ins Spiel: jede Veränderung der Symbolstruktur des mentalen Mikro-Universums (d.h. jede Veränderung der Initialbedingungen für die Komponenten des Gedächtnisfeldes dieses Mikro-Universums) zieht eine Veränderung der Form (Krümmung) an jenem Punkt der Realität nach sich, an dem dieses Mikro-Universum sich befindet. Dies erlaubt dem Elektron, allein mittels seines Mentalen an den Formen seiner Außenwelt zu „partizipieren" (wie ja auch aus den Worten John Wheelers hervorgeht, die diesem Kapitel als Motto vorangestellt sind).

Ich und die anderen: die einsame Solidarität

Wir haben schon angemerkt, dass das mentale Mikro-Universum jedes Psychomaterieteilchens persönlicher Art ist: der gesamte mentale Aspekt des Teilchens, vor allem aber alle Symbole seines bedeutungstragenden Gedächtnisses sind in einem geschlossenen, aus persönlicher Raum-Zeit bestehenden Mikro-Universum eingeschlossen, das sich sowohl von der kollektiven Raum-Zeit der Realität als auch von den persönlichen Raum-Zeiten der anderen Psychomaterieteilchen unterscheidet.

Demgegenüber wollen wir den *kollektiven* Charakter des Materie-Aspekts der Psychomaterieteilchen unterstreichen. Die Psi-Wellen aller Teilchen breiten sich in der*selben* Raum-Zeit aus, jener der Realität. Wohl nimmt jedes Teilchen seinen eigenen Platz in der Raum-Zeit der Realität ein und ist an diesem Platz auch ganz spezifischen Zwängen unterworfen (die darum im Allgemeinen nicht identisch sind mit jenen, denen das Nachbarteilchen unterliegt). Dennoch teilt jedes einzelne Teilchen mit allen anderen *den Gesamtraum* der Realität. Diese reale Gesamtheit, die man gewöhnlich als den beobachtbaren kosmologischen Raum (kosmologisches Modell) bezeichnet, ist gleichsam der riesenhafte kollektive „Körper" *jedes* persönlichen mentalen Mikro-Universums. Wir stoßen hier auf den der zeitgenössischen Physik so teuren Gedanken der *Untrennbarkeit* aller Punkte des kosmologischen Raumes: die Komplexe Relativitätstheorie zeigt, dass diese Behauptung für den Bereich der Realität, den materiellen Bereich, zutrifft, dass aber im Bereich des Imaginären, des Mentalen, das Persönliche und nicht das Kollektive dominiert. Ich und die anderen – so könnte jedes Psychomaterieteilchen sagen – leben in einer „einsamen Solidarität", in einem „Kollektiv der Persönlichkeiten".

Ich und die anderen, wir finden mithilfe des absoluten kosmologischen Bezugssystems zueinander.

Jedes Psychomaterieteilchen wählt, wie wir gesehen haben, sein eigenes Verhalten, wobei es den Gesetzen der Physik und den Gesetzmäßigkeiten seines Gedächtnisses unterliegt. Doch wir haben auch festgestellt, dass mit jedem Teilchen eine Aufenthaltswahrscheinlichkeitswelle Psi, die dem Bereich der Realität angehört, verbunden ist (Zweieinheit). Diese Welle breitet sich im Bezugssystem des Teilchens mit *unendlicher Phasengeschwindigkeit* aus. Die Initialbedingungen dieser Welle, die ja von der „Außenwelt" des Teilchens abhängig sind, werden zu jedem Zeitpunkt vom Gedächtnis des Teilchens gespeichert und bestimmen dadurch die Wahl seines Verhaltens zu diesem gegebenen Zeitpunkt mit.

Es scheint jedoch klar, dass das Teilchen jene Elemente seines Gedächtnisses, die sich auf die Außenwelt beziehen, nicht auf sein eigenes Bezugssystem beziehen kann (das Teilchen bewegt sich ja fortwährend). Es wird daher das einzige „absolute" Bezugssystem wählen, das jedem Teilchen zur Verfügung steht, nämlich das in der Astrophysik verwendete sogenannte kosmologische Bezugssystem, das der Darstellung „kosmologischer Modelle" des gesamten Universums zugrunde liegt. Allerdings kann das Psychomaterieteilchen dabei auch die Eigenschaften seiner Phasenwelle Psi nutzen, die sich mit *unendlicher Geschwindigkeit* um das Teilchen herum ausbreitet: aufgrund der unendlichen Geschwindigkeit dieser Welle kann das Teilchen nämlich ein eigenes kosmologisches Bezugssystem für sich definieren und dann adoptieren, ein Bezugssystem, das die Komplexe Relativitätstheorie als *Ausdehnungs-Dauer-Bezugssystem* bezeichnet. Die sich mit unendlicher Geschwindigkeit ausbreitende Psi-Welle verbindet das Einzelteilchen mit allen Punkten der Realität, die mit dem Teilchen *gleichaltrig* sind, wobei das Alter ab der Stunde Null (Zeit-Nullpunkt) des kosmologischen Universums gerechnet wird („Big Bang"). Die Gesamtmenge aller Punkte gleichen Alters t bezeichnen wir als die *Ausdehnung* der Realität zum Zeitpunkt t. Korreliert man die Ausdehnung mit der aus der Kosmologie bekannten Achse der absoluten Dauer (kosmologisches Prinzip), so gelangt man zu dem *absoluten* Ausdehnungs-Dauer-Bezugssystem, jenem gemeinsamen Bezugssystem, mithilfe dessen jedes Teilchen seine jeweilige Position in Bezug auf die *gesamte* Realität speichern kann. Die Komplexe Relativitätstheorie zeigt auf, welche Bedeutung für das Verhalten der Teilchen diesem Ausdehnungs-Dauer-Bezugssystem zukommt; besonders klar stellt sich auch heraus, dass wir Astrophysiker, denen die Darstellung des Universums in seiner Gesamtheit am Herzen liegt, dem Beispiel der Psychomaterieteilchen folgen sollten: dadurch ließe sich in den kosmologischen Modellen nämlich der berüchtigte „singuläre Zustand“ am Beginn des Universums, zum Zeitpunkt des „Big Bang“, vermeiden, der ein so schiefes Licht auf die Spekulationen gewisser Astrophysiker wirft, die paradoxerweise aus diesem kurzen, „singulären“ Anfangszustand die gesamte spätere Entwicklung des Universums ableiten wollen. Jahrmilliarden der Evolution sollen ableitbar sein aus der Untersuchung des kleinsten Bruchteils der Ursekunde? Eines Augenblicks, der zudem noch einen „singulären Sonderfall“ jener Gleichungen darstellt, die das gewohnte kosmologische Bezugssystem beschreiben ... Will man uns weismachen, dass eine Darstellung der kosmischen Evolution sich auf solch schwache und ungewisse Angaben stützen darf? Wäre es nicht viel besser, von jenem kosmologischen Bezugssystem auszugehen, dessen sich die *gesamte* Psychomaterie bedient, die den *einfachsten Weg* wählt? Doch wie schon Aristoteles sagte: mit den einfachsten Dingen geht es den Menschen so wie den Fledermäusen mit dem Licht: sie sind dafür blind.

AUS DER EINZIGEN LÖSUNG DER GLEICHUNGEN DER KOMPLEXEN RELATIVITÄTSTHEORIE GEHEN SÄMTLICHE NUMERISCHEN PARAMETER HERVOR, DIE DAS UNIVERSUM „DIMENSIONIEREN“.

Jenen Darstellungsformalismus, den die Quantentheorie und die Allgemeine Relativitätstheorie für einen rein imaginären Raum und eine rein reale Zeit (oder vice-versa) erstellt und verifiziert hatten, erweitert die Komplexe Relativitätstheorie nur dadurch, dass sie ihrer Darstellung eine komplexe vierdimensionale Raum-Zeit zugrunde legt. Die Komplexe Relativitätstheorie braucht daher nicht mehr zu tun, als unter Verwendung der Bezugssysteme der Quantentheorie und der Allgemeinen Relativitätstheorie eine „Aufteilung“ des Raumes vorzunehmen, um genau zu dem Formalismus und folglich auch zu *allen bereits experimentell überprüften* Ergebnissen der bisherigen Theorien zu kommen. Es handelt sich bei diesen Theorien also eigentlich nur um „Sonderfälle“ der Komplexen Relativitätstheorie. Obwohl sie dadurch sowohl mit dem Formalismus als auch mit den experimentell verifizierten Ergebnissen der Allgemeinen Relativitätstheorie und der Quantentheorie „vereinbar“ ist, bedeutet dies natürlich noch keine *Bestätigung* der Komplexen Relativitätstheorie selbst.

Für ihre Richtigkeit muss vielmehr die Tatsache sprechen, dass sie eine „umfassendere“ Darstellung zu geben vermag als die bisherigen Theorien: sie bringt *zusätzliche* physikalische „Gesetze“ ans Licht, die Gesetze des

Mentalen nämlich, die nun zu den Gesetzmäßigkeiten der „materiellen" Seite des Universums hinzukommen, mit der sich die physikalische Forschung bisher ausschließlich beschäftigt hatte.

Die Komplexe Relativitätstheorie führt zu drei nicht linearen, gekoppelten Integral-Differential-Gleichungssystemen, die wir System A (für äonisch), System H (für hadronisch) und System K (für kosmologisch) nennen wollen.

Das System A beschreibt das mentale Mikro-Universum als „starkes" (d.h. durch starke Wechselwirkungen gebildetes) pulsierendes Schwarzes Loch. Auf dieses Modell bin ich bereits zu Beginn dieses Kapitels näher eingegangen und komme daher nicht nochmals darauf zurück. Daraus ergibt sich das kontinuierliche Energiespektrum der Präonen und das diskontinuierliche Energiespektrum der Äonen.

Das System H beschreibt eine unendliche Menge von Präonen mittels eines Formalismus, der jenem sehr ähnlich ist, den die Astrophysiker (namentlich Sachakian und Ambartsumian von der Universität Moskau) verwenden, um im Rahmen der Allgemeinen Relativitätstheorie Modelle für hyperdichte Sterne zu erstellen. Die Gleichung, die Dichte und Druck dieser Sterne beschreibt, wird in unserem Fall auf die Quantelung der Pulsationsbewegung innerhalb der hadronischen Struktur angewendet.

Das System K schließlich ist ein kosmologisches Modell, das den besonderen Tensorkräften in der Komplexen Relativität Rechnung trägt. Außerdem stellt es die Hypothese auf, dass der Gesamtwirkungszustand des Universums gleich null ist (über eine „Pulsationsperiode" einer geschlossenen, zyklischen Raum-Zeit). Daraus ergibt sich somit erstmalig ein kosmologisches Modell ohne singulären Anfangszustand (allerdings immer noch ausgehend von einem „Big Bang").

Diese drei Systeme A, H und K sind keineswegs unabhängig voneinander, sie zeigen vielmehr enge Verbindungen zwischen den kosmologischen Parametern und den Teilchen-Parametern auf (wie dies bei einer großen „Einheitstheorie" nicht anders zu erwarten ist).

Tatsächlich führt, wie die Komplexe Relativitätstheorie beweist, das Postulat der *Kompatibilität* zwischen diesen drei Systemen zu einer *einzigen generellen Lösung*.

Diese Lösung ergibt die Werte aller in die Gleichungen eingegangenen Parameter, und das heißt ALLER *Grundkonstanten der Physik*:

- die Lichtgeschwindigkeit

- die Plancksche Konstante
- die Elementarladung
- die Masse der 3 bekannten geladenen Leptonen (und die voraussichtlichen Massen der „noch fehlenden")
- die Kernmasse
- die Koeffizienten der starken, der Gravitations-, der schwachen und der elektromagnetischen Wechselwirkungen

Alle diese experimentell bereits wohlbekannten Werte lassen sich durch die eine Lösung der gekoppelten Systeme A, H und K nun auch *berechnen*. Dies ist als eine ausgezeichnete *experimentelle Bestätigung* des in der Komplexen Relativitätstheorie verwendeten Formalismus anzusehen.

Außer diesen Werten, die eine direkte Bestätigung der Theorie darstellen, gibt die eine Lösung der drei Systeme A, H und K auch noch die errechneten Werte aller anderen Grundcharakteristika des Universums an, von jenen der Elementarteilchen bis zu denen des Kosmos. Diese Werte konnten experimentell bisher noch nicht *exakt gemessen*, sondern nur größenordnungsmäßig bestimmt werden. Die Gleichungen der Komplexen Relativitätstheorie ergeben jedoch auch für diese Charakteristika genaue Werte, die mit den gemessenen Näherungswerten durchwegs übereinstimmen, deren exakte experimentelle Bestätigung allerdings noch aussteht.

Diese durch die Berechnungen der Komplexen Relativitätstheorie (einschließlich etwaiger Variationen ihrer Ausdehnung und Dauer) ermittelbaren Größen sind:

Äon und geladene Leptonen

- Pulsationsperiode
- Radius des Mikro-Universums
- Unterscheidungsmerkmale der 3 bekannten Neutrinos
- Eigenmassen der geladenen Leptonen, die „schwerer" als das Tau sind

Hadronen und Quarks

- Masse, Energie, elektrische Ladung der 6 Quarks
- „Mittlerer“ Radius des (pulsierenden) Nukleons
- Dichteverteilung im Nukleon
- Räumliche Verteilung der Quarks im hadronischen Volumen

Kosmologisches Modell

- Alter des Universums
- Derzeitige Dichte
- Temperatur der kosmischen Schwarzstrahlung
- Durchschnittliche kinetische Energie der Materie
- Verzögerungsparameter
- Zeitabhängige Radiusschwankungen
- Kosmologische Konstante
- Pulsationsperiode

Alle diese Werte, das müssen wir unterstreichen, betreffen nur die „Mechanik“ des Universums. Doch in dem Psychomaterie-Universum, mit dem wir es bei der komplexen Darstellung zu tun haben, spielt das Mentale, insbesondere die *bedeutungstragenden symbolischen Gedächtnisinhalte*, die von jedem mentalen Mikro-Universum gespeichert werden, eine grundlegende Rolle. Diese Gedächtnisinhalte *vollständig kennenzulernen, kann und wird uns niemals gelingen* (glücklicherweise, möchte ich sagen!), weil sie einem *immerwährenden Schöpfungsprozess* unterliegen (frei gewähltes Verhalten jedes Psychomaterieteilchens).

DIE PSYCHOMATERIE BESITZT EIN GEDÄCHTNIS, DESSEN SIE SICH AUCH BEDIENT.

Die Zweieinheit Formen/Symbole und die Archetypen des Seienden

Die Komplexe Relativitätstheorie liefert uns also die Darstellung eines Universums, in dem sich Psychomaterieteilchen in einer komplexen

Raum-Zeit höher entwickeln. Jedes Teilchen bildet eine *Zweieinheit von Formen und Symbolen*. Der Begriff „Zweieinheit" soll ausdrücken, dass Formen und Symbole zwei komplementäre Aspekte ein und derselben Ganzheit sind, ebenso wie Außen und Innen, oder wie Welle und Korpuskel in der Quantenmechanik. Die Form ist die dem Raum der Realität zugewandte „Seite" der Psychomaterie, die Symbole bilden die dem imaginären Raum zugewandte „Seite". Der „Teilchen-Aspekt" der Psychomaterie besteht aus der punktförmigen Schnittstelle zwischen dem mentalen Mikro-Universum (dem „persönlichen" Imaginären des betreffenden Teilchens) und der Aufenthaltswahrscheinlichkeitswelle Psi, die sich im „kollektiven" Raum der Realität ausbreitet (mit unendlicher Geschwindigkeit im eigenen Bezugssystem des Teilchens). Der „wellenförmige" Aspekt wird von dieser Psi-Welle selbst dargestellt, oder besser gesagt von der geometrischen Form, die diese im Riemannschen Raum der Realität „annimmt", wo immer sie sich ausbreitet. Die Komplexe Relativitätstheorie liefert uns die Gleichungen, die diese Psi-Welle im Riemannschen Raum darstellen.

Wichtig ist in diesem Zusammenhang, dass man in einem komplexen Universum von Mentalem und Materie ebenso wenig *getrennt* sprechen kann wie von Formen und Symbolen. Wir haben es mit der Zweieinheit Mentales/Materie bzw. Formen/Symbole zu tun, wobei keines das andere bedingt, sondern beide Aspekte ein und derselben Sache sind. Ändern sich die Symbole, ändern sich *entsprechend und gleichzeitig* auch die Formen und vice-versa.

Interessant ist die Frage, wie sich diese Zweieinheit Form/Symbol zur Gesamtheit der Möglichkeiten des Seienden verhält? Eine Form/Symbol-Einheit ist die *Aktualisierung* (Verwirklichung) in Raum und Zeit einer „Möglichkeit" des Seienden, und sie erfolgt aufgrund einer freien Entscheidung des Geistes. Ebenso wie der Psychologe Carl Gustav Jung möchten wir hier auf die Terminologie Platons zurückgreifen und jene „Möglichkeit", die der Geist unter allen Möglichkeiten des Seienden auswählt, und die eine oder mehrere Formen/Symbole entstehen lässt, *Archetyp* nennen. Der Archetyp ist die platonische „Idee", das „Potenzielle", das durch die Wahl, die der Geist trifft, „aktuell" wird. Solange der Archetyp nur potenziell im Seienden vorhanden ist, ist er *leer*. Er hat keine „Gestalt" (Form) und keine „Bedeutung" (Symbol). Der Archetyp ist etwas „Werdendes", während die Einheit Form/Symbol etwas „Gewordenes" ist. Das folgende Schema soll die Beziehung zwischen Archetyp und Form/Symbol innerhalb der globalen Trilogie von Seiendem, Geist und Wort veranschaulichen:

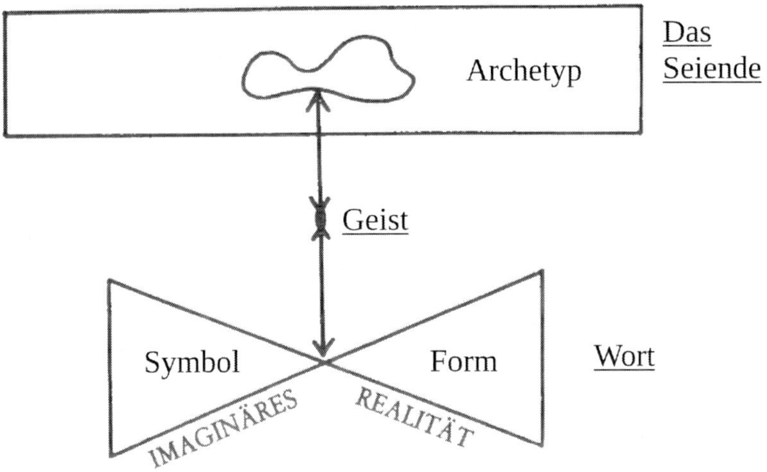

Auf den so wichtigen Begriff des Archetyps werden wir übrigens im letzten Kapitel zurückkommen, in dem von den „Wurzeln des Verhaltens“ die Rede ist.

Die Fähigkeiten der Psychomaterie

Jedes Psychomaterieteilchen besitzt vier grundlegende Fähigkeiten:

1. Die Schaffung von Formen/Symbolen;
1. die Speicherung bedeutungstragender Formen/Symbole (bzw. die bedeutungsverleihende „Erinnerung“);
2. die Wechselwirkung zwischen Formen/Symbolen;
3. die Vereinigung zwischen zwei Formen/Symbolen.

Die *Schaffung*, wir haben es bereits beschrieben, ist der *intuitive* Vorgang, der dem Teilchen erlaubt, Formen/Symbole *frei zu wählen*, insbesondere also sein Verhalten (das eine Einheit Form/Symbol ist), und zwar innerhalb jener „Grenzen“, die ihm durch die physikalischen Gesetze und die Gesetzmäßigkeiten seines eigenen Gedächtnisses gesteckt sind. Die Schaffung beruht also auf der freien Wahl eines Archetyps durch den Geist. Der Geist aktualisiert den Archetyp, indem er ihn in eine oder mehrere Formen/Symbole umwandelt.

Die *bedeutungsverleihende Erinnerung* ist jener Vorgang, bei dem das Teilchen den Symbolkomponenten seines Gedächtnisfeldes „Existenz verleiht“ (Fusion von Quantenstufen), und zwar mittels der Initialbedingungen (Zahlen). Manche dieser Komponenten sind voneinander abhängig, mit ihrer Hilfe können demnach *miteinander verbundene* gespeicherte Symbole definiert werden („bedeutungsverleihende Erinnerung“). Wie wir wissen ist aufgrund der Negentropie der Raum-Zeit des mentalen Mikro-Universums alles in diesem Gedächtnis Gespeicherte *unauslöschlich*; neue Elemente kommen hinzu, können aber schon vorhandene niemals ersetzen. Eine nähere Untersuchung der Funktionsweise des Teilchen-Gedächtnisses zeigt, dass die Gesamtheit der gespeicherten Symbole eine *logische Struktur* aufweist. Diese Struktur – darauf werden wir im nächsten Kapitel näher eingehen – beruft sich auf Intuition und auf Ratio zugleich. Jene Logik, die den intuitiven Vorgängen zugrunde liegt, nennen die Mathematiker Logik des „Booleschen Verbandes“, jene, die die rationalen Denkvorgänge steuert, nennen sie Logik der „Gruppenstruktur“. Doch wie gesagt, darauf kommen wir noch zurück.

Wechselwirkung ist jene Fähigkeit der Psychomaterie, die den 4 physikalischen Wechselwirkungen entspricht, wobei hier je zwei von ihnen zusammenspielen: elektromagnetische und schwache, Gravitations- und starke Wechselwirkung. Erstere betrifft die Äonen (eventuell zu Quarks gruppiert), letztere die unendlichen Mengen der Präonen, welche die starken Felder und die Schwerefelder bilden. Die „vereinheitlichende“ Darstellung dieser zwei großen Wechselwirkungspaare geht aus dem A-H-K-System gekoppelter Gleichungen hervor, deren einzige Lösung uns, wie gesagt, *sämtliche* Charakteristika des Universums angibt (geladene und ungeladene Leptonen, Photonen, Hadronen, kosmologisches Modell).

Unter *Vereinigung* schließlich verstehen wir einen Vorgang von grundlegender Bedeutung, den uns die Komplexe Relativitätstheorie offenbart: zwei Psychomaterieteilchen A und B können die Inhalte ihrer Gedächtnisse *vereinigen*. Nach erfolgter Vereinigung besteht das Gedächtnis von A aus seinen eigenen Symbolen (und deren Initialbedingungen) plus den Symbolen des Gedächtnisses von B und vice-versa. Es handelt sich um einen echten *Erkenntnistransfer* von einem Teilchen zum anderen, und der Zweieinheit Formen/Symbole halber auch um einen *Transfer von Formen*: Die „vereinigten“ Teilchen werden in der Folge *analoge* Verhaltensweisen zeigen.

Aus dem Modell des Gedächtnisfeldes (Fusion gequantelter Photonenzustände), erweist sich, dass die Vereinigung zweier Psychomaterieteilchen dann möglich ist, wenn zwei Teilchen mit *entgegengesetztem* Spin sich so nebeneinander stellen, dass beider *Gesamtspin gleich Null* ist. Bekanntlich geschieht dies, wenn zwei benachbarte Teilchen nebeneinander im selben Magnetfeld liegen: ihre Spin-Drehachsen richten sich dann parallel zueinander (und parallel zur Richtung des Magnetfeldes) aus, oder aber „antiparallel“, wenn ihre Spinrichtungen parallel, aber entgegengesetzt sind. Diese „umgekehrte Parallelposition“ des Teilchenpaares erlaubt die „Vereinigung“ zweier Teilchen (d.h. Gesamtspin gleich null). Folge dieser Vereinigung ist das *analoge Verhalten* der zwei Teilchen, wenn sie sich in analogen Situationen befinden. Wohl hat jedes Teilchen aufgrund seiner Fähigkeit zur Schaffung von Formen/Symbolen die Möglichkeit, trotz seines identischen Gedächtnisses ein anderes Verhalten als sein „Zwilling“ zu „wählen“, doch kann man davon ausgehen, dass ihre Verhaltensmuster „ähnlich“ sein werden, etwa wie es bei Zwillingen der Fall wäre, die dieselbe Erziehung erhalten haben. *Belegt* wird diese Tatsache durch das wechselseitige Teilchenverhalten im Falle des sogenannten „EPR-Paradoxons“.

Das „EPR-Paradoxon“: ein Beispiel für die Vereinigung der Teilchen-Gedächtnisse.

Auf das Einstein-Podolski-Rosen(EPR)-Paradoxon haben die drei Physiker, nach denen es benannt ist, bereits zu Beginn unseres Jahrhunderts hingewiesen. Sie versuchten dadurch aufzuzeigen, dass die Wahrscheinlichkeitslehre der Quantenmechanik keine „vollständige“ Beschreibung der physikalischen Phänomene gibt. Doch vergegenwärtigen wir uns zunächst das Paradoxon, wie es sich aus den durchgeführten Experimenten ergibt:

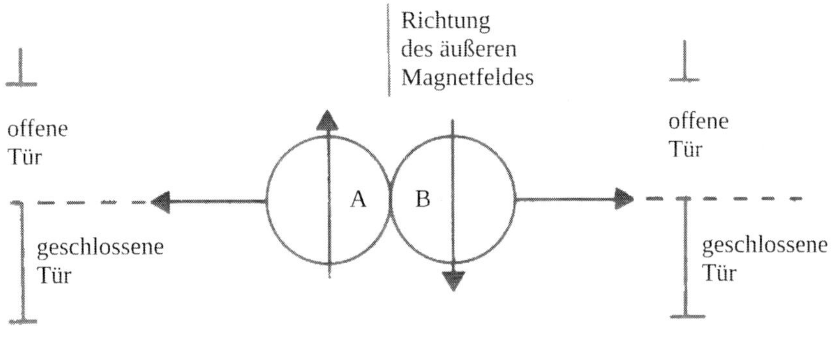

Zu Beginn liegen zwei Protonen in umgekehrter Parallelposition nebeneinander in einem Magnetfeld, sodass ihr Gesamtspin gleich null ist. Nun trennt man diese Protonen, indem man sie in entgegengesetzte Richtungen losschickt. Wenn sie schon sehr weit voneinander entfernt sind, stellt man jedes von ihnen vor eine Art „Filter", bestehend (rein symbolisch, versteht sich) aus einer offenen und einer geschlossenen Tür, sodass jedes Proton gemäß dem von der Quantenmechanik geforderten wahrscheinlichen Verhalten 50 % Chancen hat, durch die offene Tür zu gelangen, und 50 % Chancen, vor der geschlossenen Tür aufgehalten zu werden. Genau das würde auch durch das Experiment bestätigt werden ... hätten sich die beiden Protonen vor Beginn ihrer Reise nicht in umgekehrter Parallelposition befunden. Da dies aber der Fall war, tritt im Experiment ein anderes Verhalten unseres „Pärchens" zutage: geht A durch die Tür, tut B desgleichen; bleibt A vor der geschlossenen Tür stehen, bleibt auch B stehen. Dies lässt sich meistens, wenn auch nicht immer beobachten: denn A und B sind „freie" Teilchen und können sich daher manchmal auch weigern, es ihrem jeweiligen Partner gleichzutun. Doch die Wahrscheinlichkeitsquote 50/50, wie die „orthodoxe" Quantentheorie sie annimmt, bestätigt sich hier auf keinen Fall. In der überwiegenden Mehrzahl der Fälle ist das Verhalten von A und B *analog*: gehst du, gehe auch ich; bleibst du stehen, bleibe auch ich stehen.

Die Vereinigung der Gedächtnisse von A und B, die sich durch ihre umgekehrte Parallelposition in einem Magnetfeld ergibt, bestätigt die Beobachtungen von Einstein, Podolski und Rosen und hebt gleichzeitig das Paradoxon auf. Die Vereinigung ihrer Gedächtnisse prädisponiert (bis auf ein paar seltene Anfälle von Emanzipation) die Teilchen A und B zu einem weitgehend analogen Verhalten, und daraus erklärt sich, warum sie, vor die gleiche Alternative gestellt, auch gleich handeln. Es beweist außerdem, dass nicht nur jedes Teilchen über ein Gedächtnis verfügt, sondern dass dieses Gedächtnis auch sein Verhalten mitbestimmt.

EIN ZUR GÄNZE BELEBTES UNIVERSUM

Die Eigenschaften der Psychomaterie, die sich sowohl theoretisch als auch experimentell bestätigen ließen, wirken sich selbstverständlich auch auf die Darstellung der sogenannten „lebendigen" Strukturen und die Erforschung ihres Verhaltens aus.

Im zweiten Teil dieses Buches werde ich auf dieses Thema näher eingehen, und dabei werden wir feststellen können, in welchem Maße sich das bedeutungstragende Gedächtnis der Psychomaterie schon auf der Ebene der einfachsten Organisationsstrukturen manifestiert. Bislang „begann" für unsere Biologen der Bereich des Lebendigen bei den kleinsten Strukturen, die ein für den Beobachter sichtbares „autonomes" Verhalten zeigen. Leben begann also im Großen und Ganzen dort, wo das (Elektronen-)Mikroskop zu „sehen" begann. Auch das ist eine Folge unserer unangenehmen Gewohnheit, den Forschungsdrang der Wissenschaft auf das beschränken zu wollen, was „beobachtbar" ist. Die wahre Erkenntnis, das hoffen wir aufgezeigt zu haben, beginnt im Bereich des Unsichtbaren, genauer gesagt im Bereich des Imaginären. Wir hätten wohl Pascals Aufforderung besser beherzigen sollen: „Und wenn unser Auge nicht weiter reicht, möge unsere Imagination uns darüber hinausführen." Die Wissenschaft missachtete das Imaginäre und überließ es den Dichtern und Poeten. Diese aber waren, wie die Kinder, dem Himmelreich näher. Heute müssen wir feststellen, dass just jene „konkrete" Realität, um deren Darstellung die Wissenschaft in den letzten Jahrhunderten so bemüht war, im Imaginären wurzelt. Das, was man für greifbare Realität gehalten hatte, ist nur Schein, ein abstrakter Raum der Darstellung, wo dimensionslose Punkte in einem Meer der Aufenthaltswahrscheinlichkeit schwimmen.

Diese Welt aus reiner Materie, die eine „materialistische" Wissenschaft uns aufzwingen wollte, muss heute einer Welt weichen, die *zur Gänze* aus bedeutungstragendem Gedächtnis, Logik und Freiheit besteht. Jeder von uns hat Anteil an einem Universum, das bis in die kleinsten Teilchen seines gewaltigen Körpers „belebt" ist.

Bevor wir, um uns davon noch deutlicher zu überzeugen, im zweiten Teil dieses Buches das „Leben" der Psychomaterie genauer betrachten, wollen wir unsere Kenntnisse über die von der Komplexen Relativitätstheorie aufgedeckten Eigenschaften dieser Psychomaterie, namentlich die Logik (Kapitel 3) und die Freiheit (Kapitel 4) auf der Ebene der Elementarteilchen, ein wenig vertiefen.

3.
Intuition und Ratio der Elementarteilchen

Ohne den Geist gäbe es das Universum nicht.
PARMENIDES

Niemals zeugt die göttliche Kraft etwas aus nichts.
LUKREZ

Nichts als Bewegung ist die Welt, ist das Sein.
MERLEAU-PONTY

Die Darstellung, die uns die Psychomaterieteilchen vom Universum geben, besteht aus Formen und Symbolen, oder genauer gesagt – wie wir im zweiten Kapitel gesehen haben – aus der Zweieinheit Formen/Symbole. Doch wie sind die Psychomaterieteilchen selbst „entstanden“? Denn wenn sie fähig sind, irgendetwas darzustellen, müssen sie diese Fähigkeit der Darstellung von irgendwoher nehmen. Jede Darstellung gehorcht einer bestimmten „Logik“: Wie hat die Psychomaterie sich diese Logik ursprünglich zu eigen gemacht? Wer hat ihr diese Logik eingegeben oder aufgezwungen, und zwar gerade diese und keine andere? Mit anderen Worten: um von den „mentalen“ Fähigkeiten der Psychomaterieteilchen restlos überzeugt sein zu können, möchten wir gerne wissen, wie sie zu diesen mentalen Fähigkeiten gekommen sind. Fragen dieser Art, die letztlich immer auf die sattsam bekannte Frage „Was war zuerst da, die Henne oder das Ei?“ hinauslaufen, stellte sich wohlgemerkt auch die rein „materialistische“ Wissenschaft: Welcher „Taschenspieler“ hat die viele Materie, deren Vorhandensein in unserem Universum wir feststellen, wohl aus dem Hut gezaubert? Fragte man sich. Sobald man aber das Mentale als wesentlichen Bestandteil dieses Universums anerkennt, müssen Fragen dieser Art klipp und klar beantwortet werden, bevor wir in unseren Betrachtungen fortschreiten. Da die Psychomaterie „schöpferische“ Fähigkeiten besitzt, warum erklärt sie uns nicht zuerst, wie sie selbst erschaffen wurde? Kurzum, mit dem Einzug der Psychomaterie in die Physik tauchen auch eine Reihe grundlegender neuer Fragen auf, die die seinerzeitige Physik dadurch umging, dass sie einfach erklärte, sie fielen in die Kompetenz der Metaphysik und nicht in die der Physik. Die Beschaffenheit des Mentalen aber ist eines der wesentlichsten Themen der Metaphysik. Die Physik des Mentalen ist also eine Physik, die in ihre Forschungen die großen Themen der Metaphysik einbezieht, und folglich muss diese neue Physik ihre Verantwortung wahrnehmen und beharrlich ihre Fragen stellen, auch wenn es sich um Fragen der Art handelt: „Was war zuerst da, die Henne oder das Ei?“

IM ANFANG WAR DIE MENGE DER TEILMENGEN

Niemanden wird es wundern, dass der Physiker, wenn es darum geht, das Ganze zu untersuchen, versucht ist, sich jenes Werkzeugs zu bedienen, das man in der Mathematik die „Mengenlehre“ nennt. Mithilfe des Formalismus der Mengenlehre können wir das Problem gleich in seiner allgemeinsten Form formulieren. Wie also lässt sich die Gesamtheit des Universums definieren? Das Universum ist das Ganze, es ist die Menge aller möglichen Teilmengen. Wie aber lassen sich diese „möglichen Teilmengen“ präzise definieren? Um unsere Untersuchungen nicht von vornherein einzuschränken, entscheiden wir uns für eine noch allgemeinere Formulierung: *das Universum ist die Menge aller seiner Teilmengen*. Hinsichtlich der Beschaffenheit dieser Teilmengen sagen wir noch nichts Genaueres aus, dies ist im Augenblick noch nicht nötig. Wir nehmen lediglich an, dass die Gesamtmenge Universum „geteilt“ werden kann, d.h. dass man, ausgehend von der Substanz des Universums, Teile des Universums „schaffen“ kann. Wir können folglich sagen, dass das Universum aus der Gesamtmenge aller Teile besteht, die aus der Substanz dieses Universums „geformt“ wurden. Wir vergleichen gewissermaßen das Universum mit der Erde, aus der ein Bildhauer seine Werke formt: Diese Erde ist die Substanz, die dem Bildhauer zur Verfügung steht, um daraus seine Werke zu formen, alle „möglichen“ Skulpturen kann er aus ihr hervorgehen lassen. Die Skulptur gewordene Erde ist ein Teil der gesamten Erde, die Form angenommen hat.

In ähnlicher Weise ist das Universum die Gesamtmenge aller „Objekte“, die aus seiner Substanz geschaffen werden können, es ist die Gesamtmenge aller seiner Teilmengen. Wir stellen das auf der unten stehenden Abbildung dar, die in der Mengenlehre „Euler- oder Venn-Diagramm“ genannt wird.

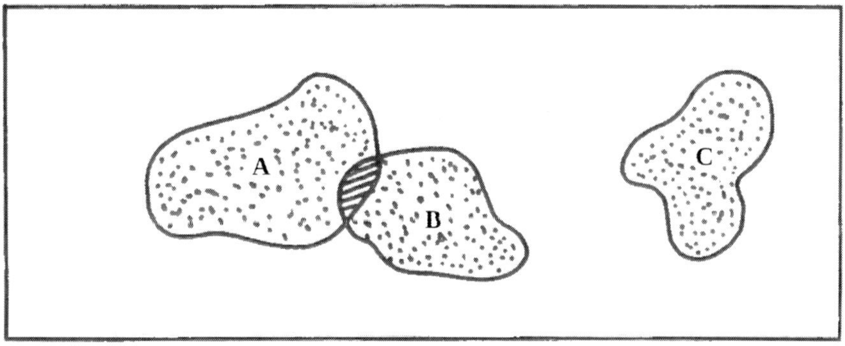

Das Rechteck stellt das Universum in seiner Gesamtheit dar, das Eine, das übrigens mit der Zahl 1 bezeichnet wird. In diesem Einen, das wir mit einem umfassenderen Begriff das Seiende (das, was ist) nennen, sind alle „möglichen“ Teilmengen des Universums enthalten. Wir haben auf unserer Abbildung 3 Teilmengen A, B und C in das Rechteck eingezeichnet. Zwei dieser Teilmengen (A und B) überschneiden einander, d.h. sie haben einen Teil, der beiden gemeinsam ist (schraffiert eingezeichnet). C dagegen hat keinen gemeinsamen Punkt mit A und B. Aus dieser Abbildung geht unsere Definition des Seienden klar hervor, nämlich dass es die Gesamtmenge seiner Teilmengen ist. Wir können beliebig viele Teilmengen in das Rechteck einzeichnen, das Rechteck als Ganzes (das Seiende) bleibt dennoch immer die Gesamtmenge seiner Teilmengen, die wie A, B und C aus seiner „Substanz“ gebildet wurden.

Wir bezeichnen die Teilmengen des Seienden als Archetypen. A, B und C sind Archetypen. Der Archetyp ist hinsichtlich Form (Umriss) und Symbol (Bedeutung) „leer“, solange der Geist ihn nicht in Raum und Zeit aktualisiert hat, ihn zu Formen der Realität und zu Symbolen des Imaginären gemacht hat. Benennt man die Formen (d.h. verbindet man sie mit einem oder mehreren Symbolen), so werden Formen und Symbole zu einer Zweieinheit. Das Seiende besteht demnach aus der Gesamtmenge der „potenziellen“ Formen/Symbole, die wir als Archetypen bezeichnen. Wir werden in späterer Folge noch genauer auf den wichtigen Begriff der Archetypen des Seienden und dessen „Wohlordnung“ zu sprechen kommen (Kapitel 4).

Vervollständigen wir das bisher Gesagte durch einige der Mengenlehre entlehnte Begriffe, die sich möglicherweise als für unsere Zwecke nützlich erweisen werden.

Vereinigung von A und B nennt man jene Fläche (auf der Darstellung die gepunktete und die schraffierte Fläche) innerhalb des Seienden, die von A und B bedeckt wird. Geschrieben wird diese Operation:

$$A \cup B$$

sprich: „Vereinigung von A und B".

Der **Durchschnitt** der Mengen A und B, geschrieben:

$$A \cap B$$

sprich: „Durchschnitt von A und B" umfasst nur die schraffierte Fläche allein.

Als Komplement einer beliebigen Teilmenge C des Seienden – $\overline{C}$ geschrieben und „Nicht-C" gelesen – bezeichnet man die gesamte Fläche des Seienden, die nicht in C enthalten ist.

Zwei Teilmengen, die kein Element gemeinsam haben, wie A und C in unserer Abbildung, nennt man disjunkte Mengen.

Man schreibt:

$$A \cap C = \emptyset$$

und sagt: „der Durchschnitt von A und C ist eine leere Menge."

Auf einen Blick sieht man:

$$A \cup \overline{A} = 1$$

Das heißt: „Die Vereinigung von A und Nicht-A ist gleich dem Seienden 1". Die Vereinigung einer Teilmenge und ihres Komplements ergibt also das Ganze, das Seiende, das gesamte Universum. Auf dieses wichtige Ergebnis, das uns einen „Zugang" zum Seienden durch die Zusammenschau von Archetyp und Komplement eröffnet, werden wir noch zurückkommen.

Auch der Begriff der leeren Menge (Ø) ist für die Darstellung des Seienden und seiner Formen/Symbole von großer Bedeutung; die Leermenge fungiert in unserer Darstellung des Seienden quasi als Mittelpunkt des Bezugssystems, der wohl vorhanden, aber unsichtbar ist. Vorhanden ist die leere Menge, da sie eine Teilmenge des Seienden ist, doch eben eine besondere Teilmenge, denn sie ist „leer". Und weil sie leer ist, d.h. keine Fläche im Seienden bedeckt, ist sie darin unsichtbar. Ø ist das „Auge", das alles sehen kann, ohne gesehen zu werden, das alles darstellen kann, ohne einen Teil der Darstellung zu verdecken. Der leeren Menge Ø kommt in unserer Darstellung die Rolle des Geistes zu.

Doch noch eine *andere Definitionsmöglichkeit* für das Seiende ist denkbar. Man kann es als aus Punkten bestehend betrachten (statt aus archetypischen Formen), wobei man die übliche mathematische Definition des Punktes als der dimensionslosen Schnittstelle zweier Geraden verwendet. Das Seiende wäre demnach eine unendliche Menge punktförmiger Elemente. Doch bei dieser Betrachtungsweise ergibt sich eine Schwierigkeit: alle Punkte sehen einander gleich, ein Punkt hat keine „Form", man kann ihm daher keinen „Namen" geben, ihm kein Symbol zuordnen. Allerdings kann man die Punkte, die das Seiende in seiner Gesamtheit bilden, sehr wohl voneinander unterscheiden, wenn man ihre jeweiligen *Bewegungen* in Betracht zieht. Die bisher verwendete Sprache extrapolierend, könnte man also sagen: das „Verhalten" (die Bewegung) des betreffenden Punktes bilde seine Form, und dieser Form des Punktes könnte man wieder ein bestimmtes Symbol zuordnen. Dadurch lässt sich das Seiende, auch wenn wir es als eine unendliche Menge punktförmiger Elemente betrachten, wiederum als Menge aller potenziellen Formen/Symbole (Archetypen) definieren.

Wenn wir das Seiende als Menge bewegter Punkte definieren, werden wir allerdings sehen, dass wir den Begriff „komplementärer" Formen/Symbole (wie etwa A und) durch den davon $\bar{A}$ sehr verschiedenen Begriff „symmetrischer" Formen/Symbole ersetzen müssen.

Diese zwei alternativen Betrachtungsweisen implizieren nämlich zwei verschiedene *logische* Darstellungsweisen: im einen Fall wird das Seiende durch die Intuition, im anderen Fall durch die Ratio dargestellt, wobei jede der beiden Alternativen ihre ganz spezifischen Eigenheiten besitzt, die wir jetzt etwas näher beleuchten wollen.

DER GEIST AUF DER INTUITIVEN SUCHE NACH DEM SEIENDEN

Die Definition des Seienden als Gesamtmenge seiner Teilmengen ist zweifellos die *allgemeinste aller möglichen* Definitionen, da sie nicht einmal angibt, wie die Elemente des Seienden beschaffen sind. Sie besagt lediglich, dass diese Elemente Teile des Ganzen sind ... was ja auf der Hand liegt: Kennen Sie etwas, das nicht aus den Teilen besteht, aus denen es sich zusammensetzt?

Diese sehr allgemeine Definition ist aber deshalb interessant, weil sie dem Seienden eine *Struktur,* d.h. bestimmte innere Gesetzmäßigkeiten zuschreibt, nach denen sich seine Elemente (die potenziellen Formen/Symbole) zusammensetzen: Die Elemente des Seienden, die aus Vereinigungs-, Durchschnitts- oder Komplemembildungsoperationen resultieren, sind wiederum *Teilmengen dieses Seienden.* Mit anderen Worten, allein dadurch, dass wir die Definition des Seienden als Menge seiner Teilmengen so allgemein gehalten haben, haben wir ihm eine *logische innere Struktur* verliehen, die die Mathematiker als Booleschen Verband bezeichnen. Die Merkmale einer solchen Mengenstruktur sind:

- Sie hat ein und nur ein *größtes* Element, das Einzelelement genannt wird und den gesamten projektiven Raum umfasst (das Seiende selbst, das Ganze, das Eine, das wir mit der Zahl 1 bezeichnet haben);
- sie hat ein und nur ein *kleinstes* Element, das Nullelement genannt wird (die leere Menge, Ø, der Geist);
- jedes Element hat ein und nur ein komplementäres Element (auch diese Bedingung erfüllt das Seiende, wie wir vorhin im Euler-Venn-Diagramm gesehen haben).

Das Seiende ist demnach eine Menge, deren Elemente gemäß einer bestimmten *logischen* Ordnung miteinander verbunden sind, nämlich der Logik des Booleschen Verbandes.

Aus der Tatsache, dass jedes Element nur ein *einziges* komplementäres Element besitzt, folgt, dass die Formen/Symbole paarweise komplementär sind. Wähle ich also innerhalb des Seienden Form/Symbol A aus, habe ich in Wahrheit *zwei* Formen/Symbole geschaffen, da ich dadurch zugleich auch als komplementäre Form/Symbol $\bar{A}$ mitbestimmt habe. Zwischen A $\bar{A}$ und gibt es zwei Beziehungen:

$$A \cup \bar{A} = 1$$

$$A \cap \bar{A} = \emptyset$$

Die erste Beziehung sagt aus, dass die beiden von mir „geschaffenen" Formen/Symbole A und $\bar{A}$ wenn ich sie in meiner Darstellung nebeneinanderstelle, die Erkenntnis des *gesamten Seienden* repräsentieren. Diese intuitive Annäherung vermittelt ein Gefühl des *Erfülltseins.*

Die zweite Beziehung dagegen zeigt etwas ganz anderes auf: stelle ich die beiden Formen/Symbole A und $\overline{A}$ nebeneinander, indem ich festlege, dass die eine, A, *sämtliche möglichen Eigenschaften besitzt, die die andere,* $\overline{A}$, *nicht besitzt,* stoße ich in meiner Darstellung des Universums auf den Geist (Ø), der als jenes Element, welches fähig ist, die Existenz A von der Essenz jedes $\overline{A}$ Dinges zu unterscheiden, *mein* Geist ist.

Allerdings muss ich feststellen, dass eine gewisse *Konfusion* entsteht, wenn mein Geist eine Form/Symbol A wählt (d.h. schafft), denn wie wir sahen, habe ich durch diesen „Schöpfungsakt" *zwei* Formen/Symbole (A und $\overline{A}$) geschaffen, wobei $\overline{A}$ nicht nur das Komplement von A ist, sondern auch Eigenschaften beinhaltet, die im *Widerspruch zu* A stehen. Wenn beispielsweise A die „kontinuierliche" Form symbolisiert, dann ist das $\overline{A}$ Symbol der „nicht-kontinuierlichen" Form, umfasst also alle Formen mit Ausnahme der „kontinuierlichen", was die „diskontinuierliche" Form einschließt. Setze ich durch die Schaffung des Symbols A demnach nicht ein Etwas in die Welt, das zugleich „kontinuierlich" und „diskontinuierlich", d.h. in sich widersprüchlich ist?

Wir stoßen hier auf die altbekannte, von der orientalischen Philosophie vertretene Sicht des Universums: ein Ding ist zugleich es selbst und sein Gegenteil; gleichzeitig aber ist es auch weder es selbst noch sein Gegenteil. Es handelt sich hierbei um eine intuitive Sicht des Universums, die den großen Vorteil hat, die Dinge von außen und von innen zugleich zu durchdringen, sie in ihrer Existenz und ihrer Essenz zugleich zu erfassen, was wiederum das schon erwähnte Gefühl des *Erfülltseins* hervorruft: in jedem Symbol, in jeder Form lässt sich intuitiv das Seiende in seiner Gesamtheit erfassen.

Doch reicht diese „intuitive" Sicht allein für eine vollständige Darstellung des Universums nicht aus. Der Geist geht noch von einer anderen Seite an die Sache heran und bedient sich dabei einer anderen Logik, deren Axiome – das Identitätsprinzip, das Prinzip des ausgeschlossenen Dritten und das Prinzip der Widerspruchsfreiheit – der Philosophie westlicher Prägung so sehr am Herzen liegen. Hat er sich bisher auf den Flügeln der Intuition zu den schneebedeckten Gipfeln des Seienden aufgeschwungen, wird der Geist sich nun daran machen, in die festen Stiefel des Verstandes zu schlüpfen und auf dem Weg des Wortes die ersten Etappen der Schöpfungsgeschichte in Gedanken nachzuvollziehen.

DIALOG DES GEISTES MIT SEINEM SCHÖPFER

Der Geist war im Seienden und der Geist war das Seiende

Das Seiende. Wir können nicht einmal sagen, dass es im Anfang war, denn das Seiende ist *das Ganze*, es enthält die Gesamtheit aller Möglichkeiten; Zeit und Raum selbst sind Formen des Seienden, es *transzendiert* folglich Raum und Zeit, die ihrerseits „werdende" Formen sind. Das Seiende ist ebenso wenig auf Raum und Zeit reduzierbar, wie eine kontinuierliche Linie auf die Punkte reduzierbar ist, die sich auf ihr aktualisiert haben. Die Mathematiker sagen: die „kontinuierliche" Unendlichkeit der „potenziellen" Punkte, aus denen die Linie besteht, *transzendiert* die „abzählbare" Unendlichkeit der einzelnen Punkte, die dadurch aktualisiert werden können, dass man sie auf der Linie markiert.

Im ersten Kapitel war bereits von der Unterscheidung zwischen den Begriffen „kontinuierlich" (potenzielle Punkte) und „abzählbar" (aktualisierte Punkte) die Rede. Die aktualisierten Punkte scheinen in Raum und Zeit auf, die aus „möglichen" Punkten bestehende kontinuierliche Linie transzendiert Raum und Zeit. So ist auch zu verstehen, dass das Seiende in Raum und Zeit weder Anfang noch Ende hat, es transzendiert den Raum und die Zeit. Es enthält Raum und Zeit, ohne sich auf diese reduzieren zu lassen.

Wir dürfen jedoch, wie sich gezeigt hat, das Seiende keinesfalls mit dem Nichts verwechseln: zwischen den Formen, die es bilden, gibt es Relationen, aus denen sich eine „Logik des Seienden" (Vereinigung, Durchschnitt, Komplement) ableitet, in der Mathematik heute Boolesche Algebra genannt. Zwischen den Formen des Seienden besteht eine Ordnungsrelation, die als Boolescher Verband bezeichnet wird. Gemäß dieser Struktur definiert das Seiende sich als das Ganze (d.h. als die ganze Zahl 1). Und ebendiese Struktur des Booleschen Verbandes definiert auch eine besondere Teilmenge, die sich manifestiert, sobald wir irgendeine beliebige Form A innerhalb des Seienden definieren: Es ist die leere Menge Ø die A mit seinem Komplement $\overline{A}$ verknüpft:

$$A \cap \overline{A} = \emptyset$$

$$A \cup \overline{A} = 1$$

Wir bezeichneten diese leere Menge Ø als Geist, sie ist das Bewusstseinszentrum, das durch *freie Wahl* eine beliebige Form A innerhalb des Seienden zu bestimmen vermag. Ohne den Geist gäbe es keine Formen des Seienden, daher auch das Seiende selbst nicht. Schon vor mehr als zweitausend Jahren sagte Parmenides, dass das Universum ohne den Geist nicht existierte. Der Geist, der somit untrennbar verbunden ist mit dem Seienden, ist in der Tat *der Geist des Seienden*: Der Geist war im Seienden und er war das Seiende.

Der Geist „trifft eine freie Wahl“ unter den archetypischen Formen des Seienden.

Die wichtigste Fähigkeit des Geistes ist die der „freien Wahl“: frei bestimmt der Geist einen Archetypus, d.h. eine archetypische Form des Seienden, und identifiziert diese Form, indem er sie durch Zuordnung eines Symbols *benennt*. So entsteht die Zweieinheit Form/Symbol. Diese Fähigkeit des Geistes, „frei auszuwählen“, ist durch zwei Merkmale charakterisiert:

Sie impliziert erstens *die Existenz der Zeit*. „Auswählen“ ist eine Handlung, die notwendigerweise in der Zeit abläuft. Der Geist bringt die Zeit aus dem Nichts hervor, wozu er sich der natürlichen Zahlen 0 und 1 bedient, die integrierender Bestandteil der Struktur des Seienden sind. 0 und 1 ermöglichen die *Aktualisierung* einer Form durch den Geist. 0 und 1 befähigen den Geist, eine Form A innerhalb des Seienden zu unterscheiden, und zwar mithilfe der Relationen:

$$A \cup \overline{A} = 1$$
$$A \cap \overline{A} = \emptyset$$

Die wesentliche Rolle von 0 und 1 bei der Entstehung des Universums erinnert an den berühmten Ausspruch des Mathematikers Leopold Kronecker, der einer der Begründer der Mengenlehre war: „Gott schuf die natürlichen Zahlen, alles Übrige schuf der Mensch.“

Zur *Aktualisierung* der Formen des Seienden bedarf es der 0 und der 1. Vor der Aktualisierung von A existiert die Form A nicht. *Nach* der Aktualisierung von A „existiert“ die Form A. Dieser Aktualisierungsvorgang setzt daher die Zeit voraus; der Geist trifft seine Wahl in der Zeit, sie ist die Voraussetzung seiner Fähigkeit, frei auszuwählen. Durch die „erste“ freie Wahl, die er trifft, *erschafft der Geist die Zeit*.

Zweitens impliziert diese Auswahlfreiheit auch die Existenz des Raumes. Um aus dem Seienden eine Form frei auszuwählen und sie dann durch ein

Symbol zu „benennen", muss der Geist die gewählte Form/Symbol in einem dafür geeigneten Raum auch *memorisieren* können. Da der Geist nur Bewusstseinszentrum ist, bedarf er dazu einer räumlichen Struktur, innerhalb derer er die verschiedenen Formen, die er aus dem Seienden gewählt hat, speichern und dann miteinander vergleichen kann.

Ein „Dialog" zwischen dem Seienden und dem Geist kann folglich nur dann stattfinden, wenn sich innerhalb ihrer eigenen Struktur ein auf Raum und Zeit gegründetes „Universum" errichten lässt. Aus dem „Dialog" zwischen dem Seienden und dem Geist aber folgt die Existenz des **Wortes**.

DAS RAUMZEITLICHE WORT UND DIE GRUPPENSTRUKTUR DER PUNKTE DES SEIENDEN

Die Trilogie Sein-Geist-Wort

Da die Fähigkeit des Geistes, Formen/Symbole frei auszuwählen, als notwendige Begleiterscheinung die Existenz des raumzeitlichen Wortes voraussetzt, muss dieses Wort ebenso wie der Geist eine „zwangsläufige" Folge der „logischen Struktur" des Seienden sein. Sein, Geist und Wort bilden demnach eine wahre „Dreieinheit": Keiner dieser Begriffe ist von den beiden anderen trennbar.

Die Existenz des Geistes geht aus der logischen Struktur der Formen des Seienden hervor, die wir als Booleschen Verband beschreiben können. Wir müssen uns nun auf die Suche nach einer *anderen* Logik der Elemente des Seienden machen, aus der die Existenz des Wortes hervorgeht.

Jede Form des Seienden (also auch das Seiende selbst) weist diese neue Struktur auf: Ich kann jede Form des Seienden als die *Menge der sich bewegenden Punkte* definieren, *deren Raum-Zeit-Bahnen eine Gruppe bilden.*

Kurzer Abriss über die Gruppen

Da dem mathematischen Begriff der „Gruppen“ bei unseren Bemühungen, zu verstehen, was wir sind, eine große Bedeutung zukommt, müssen wir uns mit diesem Begriff näher befassen.

Nichts hindert uns zu *denken*, dass die Formen des Seienden aus einer Menge sich bewegender mathematischer Punkte bestehen, vorausgesetzt, dass diese Hypothese keine physikalischen Merkmale des Seienden impliziert, die zuvor nicht vorhanden waren. Müssten wir etwa aus der Bewegung der Punkte folgern, dass das Seiende mit Energie verbunden ist, müssten wir die Hypothese verwerfen, denn sie liefe darauf hinaus, dem Seienden Eigenschaften zuzuschreiben, die es nicht besitzt (zur Erinnerung: wir betrachten das Seiende als Menge seiner Teilmengen, Begriffe wie „Energie“ kommen in unserer Definition des Seienden nicht vor). Man kann also sagen, dass die Punkte des Seienden in Bewegung sind, allerdings unter der Voraussetzung, dass ihre Bewegungen *einander kompensieren* und dass diese Annahme mit der vorhin gegebenen Definition des Seienden in jeder Hinsicht vereinbar ist.

Seit dem Beginn des vorigen Jahrhunderts hat sich die Mathematik sehr intensiv mit „Gruppen-Operationen“ beschäftigt.

Die aus einer Menge von Punkten bestehenden Gruppen werden durch diese Operationen so umgruppiert, dass der „Gesamteffekt“ gleich Null ist. Solche Operationen, bei denen Ursachen und Wirkungen miteinander gleichsam „zyklisch“ verkettet sind, sodass die letzte Wirkung gleich der ersten Ursache ist, nennt man Gruppenoperationen. Einer der Begründer der Gruppentheorie war der junge Evariste Galois, von dem die Fama berichtet, er habe seine Theorie in nur wenigen Nächten aufs Papier geworfen, knapp bevor er im Duell getötet wurde. In seinem Buch „Wissenschaft und Hypothese“ schreibt der Mathematiker Henri Poincaré: „Der allgemeine Begriff der Gruppe ist in unserem Geist zumindest potenziell bereits vorhanden. Er drängt sich uns förmlich auf, nicht als eine Form der sinnlichen Wahrnehmung, sondern als eine Form des verstandesmäßigen Begreifens“. Poincare unterstreicht in diesem Text, welch wichtige Rolle der Gruppenbegriff in unserer Wahrnehmung der Welt spielt, und er unterscheidet zwischen sinnlicher Wahrnehmung (Intuition) und verstandesmäßigem Begreifen (Ratio). Auch wir haben ja gesehen, dass diese beiden Formen unseres Denkens tatsächlich auf zwei verschiedenen logischen Strukturen basieren: der Logik des Booleschen Verbandes und der Logik der Gruppenoperationen (Verknüpfungen).

Wir möchten diese Gruppenoperationen durch ein einfaches Beispiel, nämlich die Rotationsbewegungen, veranschaulichen:

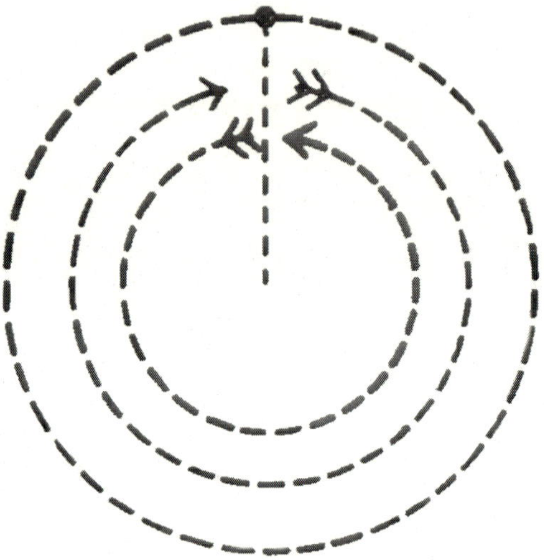

Betrachten wir einen Punkt A des Seienden. Ich kann ihn als Raum und Zeit „transzendierenden“ Punkt betrachten: dann hätte es keinen Sinn, von „Bewegungen in Raum und Zeit“ zu sprechen. Ich kann auf diesen Punkt A aber auch „meinen Verstand anwenden“ und sagen, er beschreibe *gleichzeitig zwei* Rotationsbewegungen von gleicher Winkelgeschwindigkeit auf einem Kreis, die eine im Uhrzeigersinn, die andere gegen den Uhrzeigersinn. Gesamt gesehen heben die beiden Phänomene einander auf, und die Darstellungen von A sind äquivalent, gleichgültig ob ich A als einen das Seiende „transzendierenden“ Punkt betrachte oder als einen „gedachten“ Punkt, der eine zweifache Rotationsbewegung in der Raum-Zeit (d.h. im Wort) ausführt. Der Vorteil der zweiten Darstellung liegt darin, dass sie dem Geist die Fähigkeit der „freien Auswahl“ lässt – und daraus wiederum die „imaginäre Realität“ des raumzeitlichen Wortes folgt. Die Mathematiker bezeichnen die oben dargestellten gegenläufigen Rotationsbewegungen des Punktes A als *Gruppe*.

Eine Gruppe ist durch bestimmte Verknüpfungsoperationen definiert, und zwar spricht man von einer Gruppe:

- wenn diese Operationen paarweise kombiniert werden können und aus dem dabei angewandten Gesetz zugleich folgt, dass das Ergebnis jeder Operation wiederum eine Gruppenoperation darstellt. Die Kombination der beiden gegenläufigen Bewegungen von A in der obigen Darstellung entspricht der Rotation eines Nullwinkels (A bleibt, wo es ist);

- wenn es innerhalb all dieser Operationen eine sogenannte neutrale Operation gibt, die, kombiniert mit einer beliebigen anderen Gruppenoperation, diese nicht verändert. Das ist bei einer Null-Rotation der Fall, aber auch bei einer Rotation um 360°. Hätte ich einer der Drehbewegungen von A, zum Beispiel jener im Uhrzeigersinn, 360° hinzugefügt, wäre A danach wieder genau in seiner ursprünglichen Ausgangsposition gewesen;
- wenn sich schließlich jeder Gruppenoperation eine – und nur eine – entsprechende, sogenannte symmetrische Operation zuordnen lässt, und zwar solcherart, dass die Kombination einer Operation mit ihrer symmetrischen Operation eine neutrale Operation ergibt. Wenn etwa in der oben dargestellten zweifachen Rotationsbewegung des Punktes A die neutrale Operation als die Rotation eines Nullwinkels definiert ist, dann stellen die zwei gegenläufigen Rotationen um 360°, die A beschreibt, symmetrische Operationen dar.

Die formale Definition der mathematischen Gruppe umfasst außerdem noch ein Assoziativgesetz bezüglich der Verknüpfungsoperationen, das wir in dieser sehr vereinfachten Darstellung jedoch beiseitelassen können.

Für uns ist lediglich von Bedeutung, dass der Geist sich der Gruppenstruktur bedienen kann, die auf alle Punkte, aus denen die Formen des Seienden bestehen, anwendbar ist. Durch diese Vorgangsweise schafft er das Wort (Raum-Zeit) und wird in die Lage versetzt, unter den Formen des Seienden frei zu wählen. Wir fassen also zusammen: Mithilfe von Operationen, die eine mathematische Gruppe bilden, aktualisiert und bezeichnet der Geist Formen des Seienden, wodurch das Wort (Mentales/Materie) entsteht.

So also „begründen" das Seiende und seine logischen Strukturen (Boolescher Verband und Gruppenstruktur) die Dreiheit Seiendes-Geist-Wort.

Den „Dialog", den der Geist mit dem Seienden führt und der auf der paarweisen Komplementarität der Formen des Seienden basiert, nannten wir Intuition. Der „Dialog" zwischen Geist und Wort, der auf den Gruppenstrukturen paarweise symmetrischer Bewegungen von punktförmigen Größen beruht, bringt hingegen die Ratio ins Spiel. Mit diesem Aspekt wollen wir uns nun etwas näher befassen.

ENTSTEHUNG DER PRÄONEN UND DER ÄONEN

Aus der Gruppenstruktur der Punkte des Seienden entstehen die Raum-Zeit und jene Grundstrukturen der Raum-Zeit, die die Komplexe Relativitätstheorie als Präonen und Äonen bezeichnet.

Ein *Präon* ist ein mathematischer Punkt M aus der Menge des Seienden. Seine Eigenmasse muss gleich Null sein ($m = 0$), da ein mathematischer Punkt per definitionem kein Volumen und daher auch keine Eigenmasse hat. M vollführt eine Rotationsbewegung in einem geschlossenen sphärischen Raum, der seinerseits pulsiert. Diese Rotations- und Pulsationsbewegungen (die eine Gruppe bilden) müssen sich mit einer bestimmten Geschwindigkeit vollziehen, welche für einen Punkt mit Eigenmasse m gleich *Null* nur die relative Maximalgeschwindigkeit sein kann, also die Lichtgeschwindigkeit c ... die automatisch mit 1 gleichzusetzen ist, da die Struktur des Seienden nur die natürlichen Zahlen 0 und 1 aufweist. Die neutrale Operation dieser Gruppe ist die Rotation um 360° (eine volle Umdrehung) oder eine vollständige Pulsation (Rückkehr von M zu seinem Ausgangspunkt). Diese beiden Bewegungen (Rotation und Pulsation) haben die gleiche Periode und teilen sich die Energie untereinander auf. Die Gruppenoperationen sind gequantelt, und das bedeutet, dass das Wirkungsquantum h (im physikalischen Sinn, d.h. Energie mal Periode), das mit der Rotation/Pulsation von M verbunden ist, stets gleichbleibend ist und daher mit der Einheit $h = 1$ gleichgesetzt werden kann (noch einmal: das Seiende „kennt" nur 0 und 1). Betrachten wir die Bewegungen *mehrerer* Punkte, so können wir sagen, dass für *jeden* dieser Punkte $h = 1$ gilt.

Wie die Komplexe Relativitätstheorie zeigt, bilden die Präonen also raumzeitliche Mikro-Universa, die ein kontinuierliches Spektrum von Rotations- und Pulsationsperioden aufweisen (folglich auch ein kontinuierliches Spektrum möglicher Energien). Aber die allgemeine Betrachtung der mit den Punkten des Seienden durchgeführten Gruppenoperationen zeigt, dass das Mikro-Universum bei einer bestimmten Rotations-Pulsationsperiode T eine besondere Struktur aufweist, die durch ein *bedeutungstragendes Gedächtnis* im Inneren dieses Mikro-Universums gekennzeichnet ist (das in diesem Fall Äon statt Präon genannt wird). Die Äonen bilden ein *diskontinuierliches* Energiespektrum (geladene Leptonen). Die charakteristische Periode, die der *Gesamtheit* aller Äonen eigen ist, wird wiederum als Einheit T = 1 angenommen.

Aus Äonen und Präonen geht die *Gesamtheit des Wortes* hervor, wie die Komplexe Relativitätstheorie zeigt. Das Wort umfasst den kosmologischen Raum, wo der „Dialog" zwischen den Äonen ebenso wie die elektromagnetischen und schwachen Wechselwirkungen zwischen diesen Teilchen stattfinden. In diesem kosmologischen Raum entstehen außerdem durch die Wechselwirkungen zwischen den Präonen die Schwerefelder und die starken Felder. Das gesamte Universum, Imaginäres und Realität, lässt sich mithilfe dieser 3 Grundeinheiten c = 1, h = 1 und T = 1 „dimensionieren". Wir erhalten so die grundlegenden physikalischen Parameter des Universums, die sich, wie wir gesehen haben, alle aus der einzigen Lösung der gekoppelten Gleichungssysteme A, H und K berechnen lassen, die ein „Gesamtmodell" des Universums (des Wortes) ermöglichen.

Doch die wichtigste Leistung der Komplexen Relativitätstheorie ist meines Erachtens die Entdeckung des unauslöschlichen und bedeutungstragenden Gedächtnisses, mit dem jedes Äon ausgestattet ist. Die Existenz dieses Gedächtnisses führt zu dem Schluss, dass die Teilchen, aus denen das Universum besteht, nicht aus Materie, sondern aus Psychomaterie bestehen. Dieses Gedächtnis, das ebenfalls eine Gruppenstruktur aufweist, ermöglicht aber nicht nur die Speicherung von Informationen innerhalb jedes Psychomaterieteilchens, sondern auch einen Vergleich der von den einzelnen Teilchen gespeicherten Informationen. Deshalb müssen wir dieses Gedächtnis nicht nur als „bedeutungstragend" sondern auch als „deutungsfähig" bezeichnen.

DAS DEUTUNGSFÄHIGE GEDÄCHTNIS DER PSYCHOMATERIE

Die „Fusion" der Rotationen/Pulsationen

In jedem äonischen Mikro-Universum wird also, ausgehend von den Gruppenstrukturen der Punkte des Seienden bzw. der Pulsationen und Rotationen dieser Punkte, spontan das Gedächtnis der Psychomaterie „erzeugt".

Die Komplexe Relativitätstheorie hatte es auf diesem Gebiet leicht mit dem Aufbau ihres Formalismus, denn sie konnte sich auf *bereits vorhandene Arbeiten* stützen, nämlich jene, die von Louis de Broglie und einigen anderen französischen Wissenschaftlern (namentlich Marie-Antoinette Tonnelat) am Institut Henri-Poincare in Paris gemacht wurden. Louis de Broglie ist bekanntlich einer der Begründer der Quantentheorie, im Rahmen derer er die sogenannte Wellenmechanik entwickelt hat. In den dreißiger und vierziger Jahren galt sein Hauptinteresse den Lichttheorien und der Quantelung des elektromagnetischen Feldes. Er zeigte auf, dass man die Maxwellschen Gleichungen, durch welche sich dieses elektromagnetische Feld darstellen lässt, auch aus der kombinierten Bewegung zweier umeinander rotierender Neutrinos ableiten kann. Das Neutrino wird im Allgemeinen als faktisch punktförmig und seine Eigenmasse als gleich Null angenommen, sodass uns die Bewegung zweier umeinander rotierender Neutrinos natürlich an das erinnert, was wir vorhin über die Gruppenbewegungen der Punkte des Seienden gesagt haben. Es ist leicht nachzuweisen, dass man die Maxwellschen Gleichungen auch erhielte, wenn man die Bewegung nur *eines einzigen* Neutrinos betrachtete, das dann allerdings sowohl eine gequantelte Rotationsbewegung als auch eine gequantelte *Pulsation* der Rotationsbahn aufweisen müsste (also jene Bewegung, die wir Rotation/Pulsation nennen). Doch de Broglie wollte noch weiter gehen; er untersuchte systematisch jene Gleichungen, die die *kombinierten Wirkungen* der Bewegungen eines oder mehrerer Neutrinopaare beschreiben (also auch zwei Paare oder vier Neutrinos, vier Paare oder acht Neutrinos usw.). Die Gleichungen, auf die er dabei kam, waren dieselben wie man sie für die halbe Anzahl von Neutrinos (1, 2, 4, ...) erhielt, wenn deren Rotationsbewegungen durch Rotationen/Pulsationen ersetzt wurden.

Die Komplexe Relativitätstheorie konnte also, als sie sich der Frage der Gruppenstrukturen der Rotationen/Pulsationen der Punkte des Seienden zuwandte, auf einen fix und fertigen, systematisch erprobten Formalismus zurückgreifen. Gewiss beabsichtigte Louis de Broglie mit seinen Arbeiten keineswegs, ein „Gedächtnis der Teilchen“ nachzuweisen, wie dies die Komplexe Relativitätstheorie tut. Dennoch konnte man seine Untersuchungen fast unverändert für deren Zwecke verwenden, was uns viel Zeit und Mühe erspart hat. Im Übrigen ist dieses Beispiel „vorweggenommener“ Untersuchungen in der Physik beileibe kein Einzelfall. Es kommt öfter vor, dass die mathematische Theorie ihrer physikalischen Anwendung um einige Jahrzehnte voraus ist. Denken wir etwa nur an die Geometrien von Gauß und Riemann, die die Tensorrechnung einführten und so der einsteinschen Allgemeinen Relativitätstheorie, die erst fünfzig Jahre später aufgestellt werden sollte, den Weg bereiteten. Einstein sagte, den Arbeiten von Gauß und Riemann verdanke er seine Intuition von einer „gekrümmten" Raum-Zeit, und gleichzeitig hätten sie ihm das mathematische Rüstzeug geliefert, um diese Intuition präzise darzustellen. Oder die Matrizenrechnung, die der englische Mathematiker Arthur Cayley Mitte des vorigen Jahrhunderts erfand und die der Franzose Charles Hermite weiterentwickelte: vorerst war keinerlei Anwendungsmöglichkeit in der Physik zu erkennen, und doch erwies sie sich später als äußerst wertvolles Hilfsinstrument für Born, Jordan, Heisenberg und einige andere, als diese in den zwanziger Jahren die Grundgedanken der Quantenmechanik formulierten.

Hier haben wir es also mit einem ähnlichen Fall zu tun. Hätte ich mich nicht, vom ersten Beginn meiner Arbeiten an der Komplexen Relativitätstheorie an, auf den mathematischen Formalismus von Louis de Broglie stützen können, der die Fusion gequantelter Rotations- (oder Rotations/Pulsations-)zustände darstellt, wäre ich auf die Erkenntnis der Existenz eines Teilchengedächtnisses sicher nicht so rasch gekommen. Vielen Dank, Monsieur de Broglie!

Die Gruppenstruktur des Teilchen-Gedächtnisses

Das Gedächtnis der Teilchen ist nichts anderes als ein elektromagnetisches Feld (der Einfachheit halber werden wir dieses Feld „Licht" nennen); doch dieses Licht ist in einem Mikro-Universum eingeschlossen, sodass es Quantenzustände annehmen kann, die höher sind als jener Zustand (Spin 1), in dem es in unserem kosmologischen Universum üblicherweise zu beobachten ist. Von diesem, im Mentalen jedes Psychomaterieteilchens enthaltenen „speicherungsfähigen Licht" war ja bereits ausführlich die Rede; ich möchte daher nicht nochmals darauf zurückkommen und nur in Erinnerung rufen, dass die Fähigkeit des mentalen Lichts, in stabilen Spinzuständen, die höher als 1 sind, zu existieren, daher rührt, dass das mentale Mikro-Universum (Äon) eine „Anti-Zeit" (Negativzeit) einschließt. Wie erinnerlich unterliegen die Spinzustände des mentalen Lichts einer geometrischen Progression nach dem Schema 1, 2, 4, 8, ..., sodass die niedrigeren Spinzustände in den höheren immer „enthalten" sind: so enthält etwa der Spinzustand 8 nicht nur die Darstellung des Spin 8 selbst, sondern zugleich auch die Darstellungen aller *darunter liegenden* Zustände, d.h. auch die Spins 4, 2 und 1. Das mentale Licht vermehrt demnach die bereits vorhandenen Informationen mithilfe der neuen, sie werden nicht „substituiert", wie dies bei den Magnetspeichern unserer heutigen Computer der Fall ist, sondern das mentale Gedächtnis ist *unauslöschlich*. Jede Information bleibt für alle Zeiten gespeichert, keine geht verloren ..., was wir mit dem Begriff nicht zunehmender Entropie (oder Negentropie), als der grundlegenden Eigenschaft der Raum-Zeit des mentalen Mikro-Universums, umschrieben haben.

Wieso entspricht die Struktur der Mentalseite eines Teilchens einem Licht, dessen Gesamtspin höher als 1 ist? Die Antwort finden wir, wie gesagt, bei Louis de Broglie: es ist jene Struktur, die sich aus der Untersuchung der kombinierten gequantelten Rotations/Pulsationsbewegungen der Punkte des Seienden (mit Eigenmasse gleich Null) ergibt. Diese Bewegungen bilden die Elemente einer Menge *mit Gruppenstruktur*. Und dank Louis de Broglies systematischen Arbeiten über die „Fusion" solcher gequantelten Rotationen/Pulsationen kann man den Fusionszustand der Punkte des Seienden *mathematisch darstellen*: Betrachten wir nur einen einzigen rotierenden/pulsierenden Punkt, so gelangen wir zur Darstellung des „gewöhnlichen", kosmologischen oder „phänomenalen" Lichts, wie Newton es in seiner Optik nannte; bei zwei Punkten ist das Wirkungsquantum 2 h (Spin 1), bei vier Punkten 4 h (Spin 2) usw.

Das Seiende ist also tatsächlich eine *unendliche und kontinuierliche* Menge von relativ zueinander in Rotations/Pulsationsbewegung befindlichen Punkten. Daher muss das in jedem äonischen Mikro-Universum enthaltene Licht, zumindest theoretisch, durch ein „unendliches" Wirkungsquantum dargestellt werden, was eine mathematische Darstellung dieses mentalen oder „noumenalen" Lichts, wie Newton es nannte, nicht gerade erleichtert. (Newton hatte das Vorhandensein dieses „anderen" Lichts vorhergesehen und auch geahnt, dass diesem Licht eine überaus wichtige Rolle innerhalb der Phänomene des Lebendigen zukommen würde). Die Darstellung ist nicht leicht, sagten wir; im zweiten Kapitel haben wir bereits erwähnt, dass die „Kompliziertheit" der Darstellungsgleichungen mit steigendem Wirkungsquantum *sehr rasch zunimmt* (also mit der Anzahl der Punktepaare, deren Rotations/Pulsationseffekte man kombiniert). Für den Grundzustand 1 liegen die Dinge ja noch relativ einfach, da haben wir die altbekannte Darstellung der Wahrscheinlichkeitswelle Psi jedes Psychomaterieteilchens mit ihren 16 Komponenten, von denen im vorigen Kapitel ausführlich die Rede war.

Doch schon beim Wirkungszustand 2 sind es 16 zum Quadrat, da ja – wie Louis de Broglie nachweist – die Anzahl der Komponenten um 16 hoch n zunimmt (wobei n die betreffende Wirkung bezeichnet). Auf der 2. Stufe gibt es demnach $16^2 = 256$ Komponenten (welche die 16 Komponenten des gewöhnlichen, „phänomenalen" Lichts einschließen). Wer ein wenig von Physik versteht und versucht hat, den 16 Komponenten des „gewöhnlichen" Lichts mathematisch „zu Leibe zu rücken", weiß, dass schon das gar nicht einfach ist, denn man muss sich dabei mit allen möglichen Gradienten, Divergenzen und Rotationen abplagen. Die 256 Komponenten der 2. Wirkungsstufe sind schon ganz schön verwirrend! (Marie Antoinette Tonnelat, die geradezu eine „Spezialistin" für diese 256-Komponentenrechnung war, erregte damit auch die uneingeschränkte Bewunderung der wenigen, die überhaupt begriffen, worum es dabei ging.)

Was soll man da erst von Rotations/Pulsationszuständen sagen, deren Wirkung größer als 2 ist? 16 hoch vier, das heißt 65 536 Komponenten auf der Stufe 4; 4,3 Milliarden Komponenten auf der nächsten; 18 Milliarden Milliarden auf der übernächsten; 340 Milliarden Milliarden Milliarden auf der darauf folgenden. Bei dem Zustand, der die *Gesamtheit* der Rotations/Pulsationsbewegungen im „Körper" des Seienden darstellt, haben wir es tatsächlich mit *unendlich* vielen Komponenten zu tun. Wie soll man da in die „Mechanik" des mentalen Lichts eindringen? Stehen wir nicht endgültig vor der praktischen *Unmöglichkeit*, das Gedächtnis des Mentalen darzustellen?

Noch geben wir uns nicht geschlagen. Wir werden sehen, ob mit der Gruppenstruktur, die wir im Mentalen entdeckt haben, nicht doch noch „etwas anzufangen" ist.

Klarheit über das mentale (noumenale) Licht;

Bevor wir in medias res gehen, werden wir versuchen, unser Problem etwas einzugrenzen, und Wege suchen, die uns einem Verständnis der Funktionen des Teilchen-Gedächtnisses näherbringen.

Zuerst einmal fällt eine gewisse Analogie zu jenen Problemen auf, die die Physiker in den Anfängen der Quantenmechanik zu lösen hatten. Auch sie gaben nicht sofort die Begriffe „Ort" und „Impuls" eines Teilchens auf, die gemäß Heisenbergs Unschärferelation nicht gleichzeitig genau gemessen werden können (was Heisenberg dazu führte, die Vorstellung einer „Teilchenbahn" zu verwerfen). Sie versuchten vielmehr, das Teilchen als eine *unendliche* Menge möglicher Aufenthaltsorte und Geschwindigkeiten zu definieren. Diese beiden unendlichen Zahlenreihen wurden theoretisch in einer „unendlichen" Matrix vereint (die natürlich nie wirklich ausgeschrieben wurde, da sie ja aus unendlich vielen Elementen bestand) und die

Gleichungen mit ihrer Hilfe aufgestellt. Mit dem Gedächtnis der Teilchen ergeht es uns ähnlich: es ist ein Licht, das nur durch unendlich viele Komponenten dargestellt werden kann, doch kennen wir die generelle Methode, mit deren Hilfe wir „theoretisch" jede dieser Komponenten anschreiben könnten. Nun interessiert uns aber vor allem, ob dieses Licht etwas mit der Wahrscheinlichkeitswelle Psi zu tun hat, die das „Verhalten" des Teilchens mitbestimmt. Wir werden daher zuerst diese Psi-Welle mithilfe der „gewöhnlichen" Quantenmechanik berechnen und das Teilchengedächtnis zunächst unberücksichtigt lassen. Ergeben sich dann experimentell messbare „Abweichungen" gegenüber der berechneten Psi-Welle, so können wir daraus schließen, dass die Ursache dieser Abweichungen im Einfluss des Teilchengedächnisses auf die Psi-Welle zu suchen ist. Überdies verfügen wir nunmehr auch über einen geeigneten Formalismus, der uns erlaubt, den Einfluss des Teilchengedächtnisses auf die Psi-Welle zumindest annähernd zu berechnen (wir beschränken uns dabei auf die Berechnung eines *endlichen* Zustandes, während die allgemeine Theorie natürlich von einem unendlichen ausgeht).

Die einfachen „Grundprinzipien", wie die Komplexe Relativitätstheorie sie beschreibt, sind uns eine wertvolle Hilfe, wenn wir begreifen wollen, wie dieses Teilchengedächtnis funktioniert. Aufgrund des bisher gesagten können wir immerhin schon einige Schlussfolgerungen ziehen:

a) Jeder Komponente des „Gedächtnisfeldes" (wir werden es Sigma-Feld nennen, um Verwechslungen mit dem Aufenthaltswahrscheinlichkeitsfeld Psi auszuschließen, das mit seinen 16 Komponenten erst die erste Wirkungsstufe des Gedächtnisfeldes Sigma ist) muss ein *Symbol* zugeordnet werden, das im Gedächtnis gespeichert ist. Tatsächlich ist jede Komponente so individuell wie etwa die Magnetkomponente des Psi-Feldes, gleichzeitig aber ist sie mit allen anderen Komponenten des Sigma-Feldes verbunden, da sie ja zu einem umfassenden Feld gehört (holographische Struktur des Sigma-Feldes). Je nach den „Initialbedingungen", auf die ein bestimmtes Symbol (Komponente) im Sigma-Feld trifft, kann seine relative Bedeutung in diesem Feld größer oder geringer sein, oder es kann im Sigma-Feld überhaupt nicht aufscheinen (Initialbedingungen für Symbol S nicht vorhanden).

b) Das bedeutet, dass die Symbole sich *nach und nach* im Gedächtnis eines bestimmten Psychomaterieteilchens P festsetzen. Aber auch, dass ein bestimmtes Phänomen aus Ps Außenwelt, das – wie wir noch sehen werden – durch eines der physikalischen Felder auf P übertragen wird (d.h. letztlich durch die Initialbedingungen der von P ausgehenden Psi-Welle) ebendiesem Symbol S seinen Initialwert geben wird. Mit anderen Worten: gleiche Formen der Außenwelt werden im Sigma-Feld das gleiche Symbol „hervorbringen", und zwar bei *allen* Psychomaterieteilchen, da ja die Funktionsstruktur des Mentalen bei allen Teilchen gleich ist. *Unterschiedl*ich ist also nicht das einem bestimmten Ereignis der Außenwelt zugeordnete Symbol, sondern nur die Initialbedingungen, auf die dieses Symbol in einem bestimmten mentalen Mikro-Universum trifft. Alle Psychomaterieteilchen „sehen" also wohl ein und dieselbe Außenwelt, doch das „Gewicht", das ein und demselben Objekt dieser Außenwelt in der „Mentallandschaft" eines Psychomaterieteilchens beigemessen wird, ist von Teilchen zu Teilchen verschieden. „Unterhalten" Psychomaterieteilchen sich miteinander über die Außenwelt, dann wissen also alle, von welchen Objekten sie reden, doch jedes von ihnen wird diese Objekte anders „deuten", je nach dem Gewicht, das dem Symbol dieses Objektes in seiner Mentallandschaft zukommt.

c) Diese Symbole dringen in das Teilchengedächtnis über physikalische Felder ein, die den niedrigsten Wirkungszuständen seines Gedächtnisses entsprechen. Dieses „füllt" sich also von unten nach oben, die zu den Wirkungsstufen 1 und 2 gehörigen Symbole werden als erste besetzt (aber unter veränderlichen Initialbedingungen). Es lässt sich im Lauf der Zeit eine Art ständiger „Bewusstseinserweiterung" der Psychomaterie beobachten, ein Begriff, der Pierre Teilhard de Chardin besonders teuer war. Dieser meinte auch, es würden dabei so etwas wie Schwellen überschritten, was in unserem Fall der Erlangung eines höheren Wirkungszustandes entsprechen würde. Ohne hier nun genaue Schlüsse ziehen zu wollen (dazu sind in Zukunft noch sehr tiefschürfende Arbeiten vonnöten), könnte man sich doch vorstellen, dass die aufeinander folgenden Entwicklungsstufen jeweils der Erreichung der nächsthöheren Wirkungsstufe im Sigma-Feld der Psychomaterie entsprechen:

Wirkung	Anzahl der Symbole	Entwicklungsstufe
1	16	symmetrisch (Neutrino)
2	256	asymmetrisch (Photon, Einzelteilchen)
4	65536	instinktiv (Tier-, Pflanzenreich)
8	4.3 Milliarden	rational (der Mensch)
16	18 Milliarden Milliarden	hyper-rational (über den Menschen hinaus)

Auf den Unterschied zwischen der „symmetrischen“ und der „asymmetrischen“ Stufe werden wir noch im letzten Kapitel zurückkommen.

A priori besteht kein Grund anzunehmen, dass das Überschreiten immer neuer Bewusstseinsschwellen just beim Menschen aufhören sollte. Wir haben ja gesehen, dass die Wirkungsstufen in geometrischer Progression *unendlich* ansteigen können. Alles nur eine Frage der Zeit! Wie Teilhard de Chardin bereits vorhergesagt hat, wird auf den Menschen die nächste Entwicklungsstufe folgen und darauf wohl noch viele andere Formen des Lebens mit immer höher entwickeltem Bewusstsein.

d) Zu unterstreichen wäre noch ein sehr wichtiger Aspekt: Wohl nimmt mit dem progressiven Ansteigen der Wirkungszustände die Zahl der Symbole im Mentalen rasch zu und nähert sich einer unendlichen Menge; doch bleiben die Symbole, über die das Mentale verfügt, immer *abzählbar* unendlich und ihre Anzahl daher unendlich gering im Vergleich zu den möglichen Formen/Symbolen des Seienden, deren Anzahl, wie wir gesehen haben, eine *kontinuierliche* Unendlichkeit darstellt. In diesem Sinn kann auch das Wort, das sich durch im Mentalen aktualisierte Formen/Symbole ausdrückt, niemals mit dem Seienden identisch werden, denn selbst nach unendlich langer Zeit bleibt immer noch eine unendliche Zahl „möglicher“ Formen/Symbole des Seienden, die darauf warten, vom Geist ausgewählt und durch das Wort aktualisiert zu werden. Das Seiende *transzendiert* daher immer das Wort, und das ist es auch, was uns die jahrtausendealte Weisheit der heiligen Schriften lehrt, in denen stets zwischen Sein und Wort unterschieden wird.

Wie aber ist der berühmte Satz aus dem Johannesevangelium: „ ... und das Wort war bei Gott, und das Wort war Gott.“ zu verstehen? Wohl ist das Wort *im* Seienden, doch ist es nur dann *das* Seiende, wenn noch der Geist hinzukommt, der allein fähig ist, das gesamte Seiende zu „sehen“. Wer ist der Schöpfer des Wortes in der realen Raum-Zeit? Es ist das Bewusstseinszentrum des Wortes, der Geist. Ohne Geist gäbe es kein Wort. Hier begegnet uns wieder der tiefe Sinn der Dreieinigkeit Sein-Geist-Wort. Drei verschiedene Ganzheiten in einer. Der Geist ist im Seienden, ohne jedoch mit dem Seienden zu verschmelzen (er ist die leere Form des Seienden, das Auge, das alles sieht, ohne selbst „irgendwo zu sein“). Der Geist schafft das Wort, indem er in Raum und Zeit die Formen des Seienden verwirklicht. Ohne Geist gäbe es kein Wort, sagten wir, aber ohne das Wort hätte das Seiende keine Möglichkeit, sich zu manifestieren. Das Seiende, der Geist und das Wort: drei „Personen“ in einer, das Geheimnis der Geheimnisse, über das man nur sagen kann, was Laotse über das Tao sagte: „Der es zu kennen meint, kennt es nicht; und der es nicht kennt, kennt es dennoch.“

Wichtig ist schließlich noch Folgendes: Die Gruppenstruktur, der gemäß das Teilchengedächtnis „funktioniert“, ist die eigentliche *Definition* dessen, was wir *Ratio* nennen wollen. Das Mentale speichert und ordnet die Komponenten seines Sigma-Feldes, indem es eine Menge gequantelter Rotations/Pulsationsbewegungen „umgruppiert“, einer Menge, die eine Gruppenstruktur im mathematischen Sinn aufweist. Um das, was wir „Ratio“ nennen wollen, zu beschreiben, werden wir nicht auf irgendeine „Logik“ zurückgreifen; nach allem, was wir schon vom Teilchengedächtnis wissen, werden wir die Ratio als das definieren, was im Mentalen durch eine Menge von Gruppenoperationen modellhaft dargestellt werden kann: die Ratio wird also durch die Funktionen des Teilchengedächtnisses veranschaulicht.

Zwei „Werkzeuge" sind es also, über die der Geist für seinen Dialog mit dem Seienden verfügt: die Intuition, mit deren Hilfe er die Formen/Symbole auswählt, definiert und in Zusammenhang bringt, wobei er sich der Logik des Booleschen Verbandes bedient; und die Ratio, mit deren Hilfe er die Formen/Symbole, die er im Wort wahrnimmt, in einen geordneten Zusammenhang bringt, wobei er sich der Logik der Gruppenstrukturen bedient.

Es wäre müßig, zu fragen, welche dieser beiden Erkenntnismethoden die „bessere" ist. Die Intuition ist auf das Transzendente gerichtet, die Ratio auf das Immanente. Dieser Unterscheidung war sich Henri Poincare vollkommen bewusst, als er in seinem Werk *Wissenschaft und Hypothese* sagte, die Gruppenstruktur entspreche unserer Verstandesfunktion, nicht aber unserem *sinnlichen Empfinden* (das mit unserer Intuition zusammenhängt).

FORMEN/SYMBOLE UND TEICHENVERHALTEN

Bei jedem Psychomaterieteilchen haben wir es, wie wir bereits wissen, mit einer *Zweieinheit* von Formen und Symbolen zu tun. Man kann weder von einem Einfluss der Formen auf die Symbole sprechen noch umgekehrt: Formen und Symbole sind die zwei komplementären Seiten ein und desselben Ganzen, genauso wie in der Quantenmechanik der korpuskuläre und der wellenförmige Aspekt zwei komplementäre Aspekte desselben Phänomens sind.

Im einzelnen Psychomaterieteilchen scheinen die Symbole im Sigma-Feld des äonischen Gedächtnisses (imaginäre Raum-Zeit) auf. Die Form des Teilchens dagegen besteht aus der Wahrscheinlichkeitswelle Psi, die es ständig in den Raum der Realität aussendet. In jedem Augenblick sind das Sigma-Feld (Symbole) und die Psi-Welle (Form) die beiden komplementären Aspekte derselben Ganzheit.

Der „beobachtbare" Aspekt des Teilchens beschränkt sich auf eine *punktförmige* Spur, die eine Bahn im Raum der Realität beschreibt, was als das *Verhalten* des Teilchens bezeichnet wird. Dies ist erwiesen, obwohl es auf den ersten Blick so schien, als ließe sich eine räumliche „Ausdehnung" beobachten, wie man sie eine Zeit lang für die Hadronen annahm. Genauere Untersuchungen, die schon in der Zeit vor der Komplexen Relativitätstheorie angestellt wurden, haben ergeben, dass die „sichtbare" Spur der

Hadronen aus den Quarks besteht, die die Struktur des lokalen hadronischen Schwerefeldes bilden. Die Hadronen setzen sich also aus dem „Verhalten" der Präonen und Äonen zusammen, die ihrerseits in der beobachtbaren Realität nur *punktförmig* sind (dafür aber im Imaginären Raum *ausgedehnt*, wie die Komplexe Relativitätstheorie zeigt).

Wir haben nun einiges über Intuition und Ratio der Teilchen gesagt und möchten als Abschluss dieses Kapitels nun untersuchen, inwiefern das tatsächliche Verhalten des einzelnen Teilchens teils von rational bestimmten und teils von intuitiv bestimmten Handlungen abhängt.

Die Psi-Welle analysiert die Realität

Das Teilchen, sei es nun ein Präon oder ein Äon, sendet in jedem Augenblick in die es umgebende Umwelt (Realität) eine Psi-Welle aus, die durch die Rotation/Pulsation des Neutrinos im mentalen Mikro-Universum (im Imaginären) entsteht. Die Phasengeschwindigkeit dieser Psi-Welle ist, bezogen auf das dem Teilchen eigene Bezugssystem, *unendlich*: Das Teilchen analysiert daher zu jedem Zeitpunkt t die *Gesamtheit* des realen Raumes.

Alle vier *physikalischen* Wechselwirkungen, denen das Teilchen zu diesem Zeitpunkt t unterliegt, stellen die *Initialbedingungen* der Psi-Welle zu diesem Zeitpunkt t dar. Genauer gesagt, diese Initialbedingungen drücken die *kumulierten* Auswirkungen aller physikalischen Wechselwirkungen auf das Teilchen zum Zeitpunkt t aus.

Der „Dialog" zwischen Psi-Welle und Teilchengedächtnis

Die Psi-Welle teilt mit dem Gedächtnis der Teilchen (das wir als Sigma-Feld bezeichnen) die niedrigste Wirkungsstufe, d.h. die 16 Komponenten des Niveaus 1. Das heißt aber auch, dass die Initialbedingungen der Psi-Welle zum Zeitpunkt t zugleich die Initialbedingungen für die Komponenten von Sigma mit Wirkung 1 sind. Jedoch sind die verschiedenen Niveaus von Sigma *nicht unabhängig* voneinander (holographische Struktur von Sigma). Die Initialbedingungen von Psi, die zum Zeitpunkt t im Mentalen vorhanden sind, wirken sich daher auf *alle* Komponenten von Sigma, also auf alle im Gedächtnis des Teilchens enthaltenen Symbole aus. Das Teilchen analysiert daher nicht nur zu jedem Zeitpunkt t seine gesamte Außenwelt (Psi-Welle und deren Initialbedingungen), sondern *speichert* die Informationen aus der Außenwelt, indem es die Initialbedingungen der Sigma-Komponenten entsprechend verändert.

Doch zu demselben Zeitpunkt t *verändert* das durch Psi veränderte Sigma-Feld nun seinerseits die Komponenten von Psi, da im Wirkungszustand 1 Psi und Sigma ja *dieselben* Komponenten haben. Das bedeutet nichts anderes, als dass die zu jedem Zeitpunkt t vom Gedächtnisfeld Sigma des Teilchens ausgehende Psi-Welle den *Stempel* dieses Sigma-Feldes zum Zeitpunkt t trägt. Zum besseren Verständnis vielleicht ein kleiner Vergleich: Zu jedem Zeitpunkt unterliegt mein eigenes menschliches Verhalten einer *zweifachen* Wechselwirkung: der kumulierten Wechselwirkung aller physikalischen Gesetze der Außenwelt und einer „psychischen", die sich aus allen zu diesem Zeitpunkt in meinem Gedächtnis enthaltenen Informationen zusammensetzt. Beide Wechselwirkungen werden mein Verhalten gleichermaßen beeinflussen.

Die Freiheit der Teilchen kommt ins Spiel

Allerdings hängt dieses mein Verhalten im Allgemeinen noch von einem dritten Faktor ab: *meiner Freiheit*. Denn zumeist lassen die physikalischen und psychischen Gesetzmäßigkeiten und Zwänge, denen ich unterliege, mir dennoch die *Wahl* zwischen *mehreren* möglichen Verhaltensweisen. Selbstverständlich werden mich die Gesetze der Physik an der Wahl bestimmter Verhaltensweisen hindern. So werde ich etwa nicht in der Lage sein, die 5 Meter hohe Mauer, die den Platz umgibt, auf dem ich mich zum Zeitpunkt t befinde, zu überspringen (außer ich bin Supermann): die physikalischen Wechselwirkungen der Schwerkraft machen es mir unmöglich. Auch den Weg, der aus meinem Gefängnis hinauszuführen scheint, werde ich nicht benützen, denn ich habe es bereits des öfteren versucht und erinnere mich, dabei jedes Mal einen schmerzhaften elektrischen Schlag erhalten zu haben. Dennoch kann ich unter *mehreren* Verhaltensweisen wählen: ich kann reglos meditierend in der Mitte des Gefängnishofs verweilen; ich kann vor Wut brüllen und alle in meiner Umgebung beschimpfen; ich kann die Augen schließen und mir vorstellen, in einem wunderbaren Schloss von schönen Mädchen verwöhnt zu werden, und so manches andere mehr. Ich brauche nur an meine Fantasie zu appellieren, und schon fallen mir zig mögliche Verhaltensmöglichkeiten ein, unter denen ich schließlich meine Wahl treffen werde, um mein Verhalten in dem auf t folgenden Augenblick demgemäß zu „aktualisieren".

Genauso macht es das einzelne Psychomaterieteilchen. Oder besser gesagt: wenn ich trotz der auf mir lastenden psychischen Zwänge und physikalischen Gesetzmäßigkeiten zwischen mehreren möglichen Verhaltensweisen wählen kann, so verdanke ich das dem Umstand, dass auch *jedes* der Psychomaterieteilchen, aus denen mein Körper und mein Mentales bestehen, diese Wahlmöglichkeiten hat. Ich kann mich immer nur so verhalten, wie jene sich verhalten, aus denen ich bestehe und die mein Ich ausmachen, was ja wohl jedem einleuchten muss.

Doch – wir sagten es schon, und die Komplexe Relativität bestätigt es – das einzelne Psychomaterieteilchen unterliegt nicht nur den physikalischen Gesetzen seiner Umgebung und den psychischen Zwängen seines Mentalen. Die Gesamtwirkung dieser beiden Zwänge verleiht im Allgemeinen der Psi-Welle des Teilchens eine bestimmte Form, die das dem Teilchen *mögliche* Verhalten eingrenzt, ja sogar jeder potenziellen Verhaltensmöglichkeit eine bestimmte Wahrscheinlichkeit zuordnet. (Diese Wahrscheinlichkeit ergibt sich aus der „Statistik", die man erhielte, wenn man das Verhalten *einer großen Zahl* von Psychomaterieteilchen beobachtete, die zum Zeitpunkt t *denselben* physikalischen Gesetzen unterliegen und die dasselbe Gedächtnis Sigma besitzen). Die Gesamtheit all dieser Hinweise, die das Teilchen zum Zeitpunkt t erhält, ist das Ergebnis der Tätigkeit seiner *Ratio*.

Die Gruppenstruktur der Rotations/Pulsationsbewegungen der Punkte des Seienden, die das Teilchen mithilfe seines Mentalen (Sigma-Feld) und seiner Physis (Psi-Welle) analysiert, informiert es über die möglichen Verhaltensweisen, unter denen es eine auswählen kann. Doch das genügt nicht, um das Verhalten des Teilchens zum Zeitpunkt t zu bestimmen: sich *mehreren* Verhaltensmöglichkeiten gegenüberzusehen und dazu den Hinweis zu erhalten, was „die anderen" rein statistisch in der gleichen Lage tun würden, ist dem Teilchen noch zu wenig. Es läuft Gefahr, das Schicksal von Buridans Esel zu erleiden, der zwischen einem Sack Hafer und einem Sack Kleie Hungers starb, weil er sich nicht entscheiden konnte, mit welchem Sack er beginnen sollte. Es würde dem Teilchen auch nichts bringen, *jedes Mal* und in jeder Lage das statistisch wahrscheinlichste Verhalten zu wählen. Damit würde es zu einer Art „Roboter", es gäbe keine Evolution individueller Verhaltensweisen in Richtung auf ein immer „bewussteres" Verhalten und es würden keine neuen Symbole mehr gespeichert, wie in einer Welt voller Computer, in der es keinen gäbe, der fähig wäre, die Programme zu erneuern.

Um diesem Dilemma zu entrinnen, nimmt das Teilchen Kontakt auf mit dem Geist, dem Bewusstseinszentrum, mit dem sein Mentales immer in Verbindung steht. Doch dazu bedient es sich einer anderen Logik: es lässt die Gruppenstrukturen seiner Ratio momentan außer acht und ruft seine Intuition zu Hilfe, die Logik des Booleschen Verbandes. Innerhalb dieser Logik ist alles anders: es gibt keine schönen verstandesmäßigen „Ableitungen“ mehr, ein Ding ist es selbst und zugleich sein Gegenteil, und doch auch weder es selbst noch sein Gegenteil. Hier ist alles paradox. Doch welche Fülle liegt in der Möglichkeit, unter allen nur denkbaren Verhaltensweisen *frei zu bestimmen*. Hier ist plötzlich der Geist des Seienden selbst am Werk, der mit unsichtbarem Finger auf ein noch unbekanntes Jenseits weist.

Endlich kommt die Freiheit ins Spiel. Und sie ist es wohl wert, dass wir ihr ein eigenes Kapitel widmen.

4.
Die Freiheit der Teilchen und die „Wohlordung" des Seienden

Denken kann zur Sklaverei führen,
aber auch zur Befreiung.

MAITRI UPANISHAD

GEIST UND FREIHEIT

Wir müssen es wohl zugeben: bei einigem Nachdenken scheint ein wahrhaft „freies" Verhalten ein wenig paradox, ja fast unverständlich. Sich „frei" verhalten heißt, *keinerlei* „Druck" ausgesetzt zu sein, der dieses Verhalten logisch oder, genauer gesagt, *vollständig* rechtfertigen würde.

Erinnern wir uns daran, was wir im vorigen Kapitel über das Verhalten des einzelnen Teilchens gehört haben. Drei Faktoren bestimmen dieses Verhalten:

- Die in der Außenwelt herrschenden Gesetze der Physik: ich kann mich in meinem Gefängnishof zum Beispiel bewegen, doch nicht die 5 Meter hohe Mauer überspringen oder durch sie hindurchgehen.

- Die psychischen Zwänge, welche durch die Informationen bewirkt werden, die mir mein Gedächtnis liefert: Ich erinnere mich, dass ich jedes Mal, wenn ich den Weg, der scheinbar in die Freiheit führt, benützen wollte, einen Stromstoß erhielt. Mein Gedächtnis erinnert sich dieser schmerzhaften Erfahrungen, und diese beeinflussen mein Verhalten, indem sie mich davon abhalten, diesen Fluchtweg noch einmal zu benutzen.

- Doch trotz der physischen und psychischen Zwänge, denen ich unterliege, habe ich, wie gesagt, noch immer die Wahlmöglichkeit zwischen *mehreren* Verhaltensweisen: Ich kann mitten im Hof stehen bleiben, oder an der Mauer entlanglaufen, oder Beckett rezitieren, um mir die Zeit zu vertreiben – was immer mir meine Fantasie eingibt, also praktisch *unendlich* Vieles.

Und dieser dritte Faktor, der mein Verhalten mitbestimmt, interessiert mich: meine Fantasie. Was ist denn das, die Fantasie? Ist sie nicht vielleicht wieder nur eine Art neuerlicher „Zwang“, dem ich unterliege, sodass meine „Wahl“ gar nicht so frei ist? Ist sie nicht bloß die am wenigsten „bewusste“ Form des Gedächtnisses, eine Art Unterbewusstsein, das mein Verhalten beeinflusst, ohne dass ich es merke? Etwas, das mich in subtiler Weise „manipuliert“, mich fälschlich in dem Glauben lassend, ich wäre frei, während ich doch wieder nur, einmal mehr, ein Spielball *deterministischer* Kräfte bin, die mein Verhalten lenken?

Das Eigenartige an solchen Fragen ist, dass ich für mich als menschliches Wesen sofort und spontan bejahen würde, dass mein Verhalten wirklich frei ist. Ich beanspruche sie lautstark für mich, diese Freiheit, es ist für mich nicht vorstellbar, sie nicht zu besitzen, auch wenn ich sie vielleicht zur Selbstzerstörung verwende. Doch ebenso spontan neige ich dazu, dem einzelnen Teilchen diese Freiheit in seinem Verhalten abzusprechen, obwohl ich ganz genau weiß, dass mein Körper aus von der Physik erforschten Materieteilchen besteht.

Die Komplexe Relativitätstheorie hat aus der „Nurmaterie“ die Psychomaterie gemacht und damit die Fragestellung verändert: ich weiß jetzt, dass ich auf die Frage nach „meiner“ Freiheit eine Antwort erhalte, die nicht nur „mich“ sondern jedes einzelne Psychomaterieteilchen in meinem Organismus betrifft.

Und so frage ich mich also: gibt es ein wirklich *freies* Verhalten, d.h. ein Verhalten, das durch *nichts*, sei es nun materieller oder mentaler Natur, bestimmt wird?

Darauf muss ich wohl mit „Nein“ antworten, eingedenk der Worte des Lukrez, die dem dritten Kapitel als Motto vorangestellt sind: „Nichts wird aus nichts.“ Nicht nur unsere Ratio, sondern auch unsere Intuition wehrt sich gegen die Behauptung, dass irgendetwas aus „nichts“ entstehen könnte. Denn wenn ich sage, dass meine Freiheit auf „nichts“ beruht, behaupte ich dann nicht gleichzeitig, dass ich selbst an meinen „freien“ Entscheidungen keinen Anteil habe? Tatsächlich aber will ich frei sein in dem Sinne, dass nichts mich zu einer Handlung zwingen kann ... doch dieses „nichts“ bedeutet für mich „nichts außer mir selbst“. Ich will selbst derjenige sein, der „meiner“ Freiheit gemäß handelt.

Wer *in mir* aber bestimmt diese Freiheit, die nur von mir allein abhängig sein soll? Der „Generator“ meiner Freiheit, der eine Verhaltensweise auswählen kann, die durch „nichts“, was bereits „aktualisiert“ ist, beeinflusst wird, kann nur mein tief inneres Bewusstseinszentrum sein, das, was ich meinen Geist genannt habe, letztlich also der Geist schlechthin, da er ja umfassend ist: einerseits das Bewusstseinszentrum, das ich mit allen anderen gemeinsam habe, und andererseits zugleich das, was mein ureigenstes „Selbst" ausmacht. Ich habe durch ihn auch Anteil am Seienden, dem Transzendenten, da mein Geist ja auch der Geist des gesamten Seienden ist.

Und damit sind wir vielleicht auf dem richtigen Weg, um die Fragen hinsichtlich meiner persönlichen Freiheit zu klären. Da der Ursprung meiner Freiheit mein Geist ist, und dieser wiederum der Punkt, der mich mit dem gesamten Seienden verbindet, entspringt dann die Freiheit nicht direkt aus dem Seienden? Und mit Freiheit meine ich die Freiheit des einzelnen Teilchens ebenso wie die eines komplexen Organismus wie Tier oder Mensch.

VON DER TRANSZENDENZ DES SEIENDEN UND DER IMMANENZ DES WORTES

Das Seiende haben wir als die Menge seiner Teilmengen oder genauer als die Menge aller Archetypen definiert. Den Archetyp seinerseits bezeichneten wir als die Quelle einer oder mehrerer Formen/Symbole, noch ehe diese im Wort „aktualisiert" werden. Ein Archetypus ist eine „leere" Form/Symbol, er wartet darauf, etwas zu „werden", er hat keine *Gestalt* und keine *Bedeutung*, denn diese entstehen ja erst aus den Beziehungen, die das Wort zwischen den *bereits* aktualisierten Formen/Symbolen herstellen wird.

Das mag ein wenig kompliziert klingen, doch wir können versuchen, es einfacher auszudrücken: Das Seiende ist die Menge aller „Möglichkeiten".

Um diesen Begriff des „Möglichen" zu erläutern und ihn insbesondere vom „Aktualisierten" (dem, was in Raum und Zeit Gestalt und Bedeutung angenommen hat) zu unterscheiden, kommen wir nochmals auf unser Schema zurück, das eine Gerade aus einer *kontinuierlich* unendlichen Zahl „möglicher" Punkte darstellte, auf der man eine *abzählbar* unendliche Zahl „aktualisierter" Punkte eintragen kann.

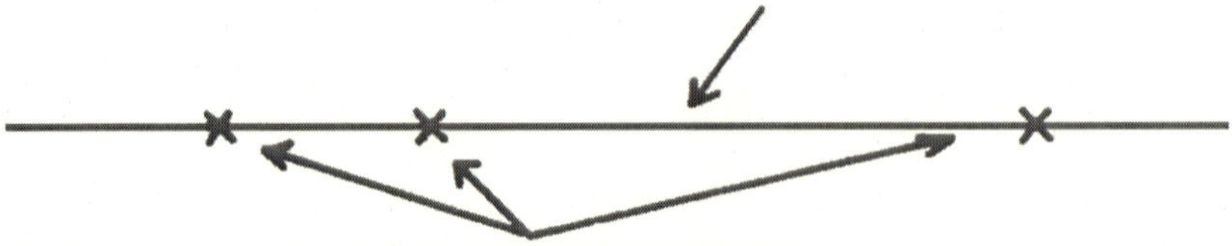

Dazu erinnern wir nochmals an die Definition der Mengenlehre, laut der auf der Geraden auch dann, wenn wir eine unendliche Zahl von Punkten „aktualisiert“ haben, noch immer eine unendliche Zahl nicht aktualisierter, d.h. „möglicher“ Punkte verbleibt. Man muss also zwischen *mehreren* mathematischen Unendlichkeitsbegriffen unterscheiden, hier insbesondere zwischen der „kontinuierlichen“ Unendlichkeit der auf dieser Geraden liegenden „möglichen“ Punkte und der „abzählbaren“ Unendlichkeit der in Raum und Zeit aktualisierten Punkte auf dieser Geraden. Niemals, auch wenn wir unendlich viel Zeit darauf verwenden, wird es uns gelingen, die Gerade zur Gänze mit „aktualisierten“, markierten Punkten zu bedecken. Die Mathematiker drücken das so aus: die unendliche Anzahl der „möglichen“ Punkte transzendiert die unendliche Anzahl der „aktualisierten“ Punkte.

Diese Darstellung ist für uns sehr interessant, denn sie veranschaulicht ohne allzu große Verzerrungen, wie die „kontinuierliche“, nicht abzählbar unendliche Anzahl der Archetypen des Seienden die „abzählbar“ unendliche Anzahl der im Wort „aktualisierten“ Formen/Symbole *transzendiert*. Diese aktualisierten Formen/Symbole, die der Geist aus dem Seienden „frei“ gewählt hat, werden dann in unendlich vielen personalisierten Mikro-Universa (Äonen) gespeichert, wo sie eine Gestalt in der Realität und eine Bedeutung im Imaginären annehmen (Zweieinheit der Formen/Symbole).

Die wesentliche Eigenschaft des Seienden ist also seine *Transzendenz*, die wesentliche Eigenschaft des Wortes dessen (manifestierte, aktualisierte) Immanenz. Der Geist ist das Bewusstseinszentrum, das Transzendenz und Immanenz verbindet, das „Auge“, das Transzendentes und Immanentes zugleich zu schauen vermag.

DAS IMMANENTE WORT UND SEINE UNVERMEIDLICHEN „WIDERSPRÜCHE“

Wir müssen uns nun mit einer wichtigen Eigenheit des immanenten Wortes näher befassen, einer Eigenheit übrigens, die zum Wesen selbst der Ratio gehört: Mit der Zeit *führt das Wort unvermeidlich zu Widersprüchen*.

Das müssen wir natürlich näher erklären, denn zuerst einmal mag es paradox scheinen, zu behaupten, die Ratio, der Verstand also, führe auf die Dauer immer zum ... Unverstand, zum Irrationalen, d.h. zu Widersprüchen. Und doch werden wir zeigen, dass die Ratio, wenn sie ihre Schlussfolgerungen zu Ende führt, immer bei der Behauptung landet, ein und dasselbe Ding sei beispielsweise *sowohl* weiß *als auch* schwarz!

Zugegeben, das lag nicht von Anfang an auf der Hand; erst in den dreißiger Jahren unseres Jahrhunderts wurde diese Eigenschaft der Ratio vom Arithmetiker Kurt Gödel dargelegt und mathematisch bewiesen. Näher auf seine Beweisführung einzugehen, würde hier zu weit führen. Wir werden uns daher mit den Ergebnissen begnügen, die heute von keinem Wissenschaftler mehr bestritten werden.

Die Ratio geht immer axiomatisch vor: Sie geht von einer Anzahl von Annahmen (Axiomen) aus, die sie als „wahr“ annimmt, und leitet davon ausgehend mithilfe einer „Logik“ bestimmte Schlussfolgerungen ab. Die Logik, deren sich die Mathematik bedient, ist bekanntlich die des „ausgeschlossenen Dritten“, derzufolge A gleich B oder nicht gleich B sein kann, es aber keine „dritte“ Möglichkeit gibt. Man wundert sich manchmal, dass die Mathematik mithilfe einer „so einfachen“ Logik „so weit“ gekommen ist. Doch dass dem tatsächlich so ist, beweist wieder einmal, dass der einfachste Weg meist auch der beste ist.

Auch jene Eigenschaften, die wir im vorigen Kapitel als „Gruppenstrukturen“ zwischen den Elementen einer Menge bezeichnet haben, lassen sich mittels der Logik des „ausgeschlossenen Dritten“ beweisen. So funktioniert auch die Ratio des Teilchengedächtnisses auf dieser Basis.

Doch da taucht plötzlich Kurt Gödel auf und verunsichert zu Beginn unseres Jahrhunderts die gesamte Mathematik, indem er zeigt, dass die Ratio, wenn sie ihre Schlussfolgerungen zu Ende führt, zwangsläufig letztlich zu Widersprüchen gelangt. Das kann lange dauern; die Ratio mag zunächst zu glänzenden Ergebnissen in Form neuer Erkenntnisse (Theoreme) führen, die die Axiome, von denen man ausging, oft nicht voraussehen ließen. Man erhält solcherart Theoreme, die ebenso „wahr“ (aber nicht „wahrer“)

sind wie diese Axiome selbst. Selbstverständlich muss man, um zu solch „glänzenden" Ergebnissen zu gelangen, die Ausgangsaxiome sorgfältig auswählen; sie müssen miteinander völlig kompatibel sein, sonst würde man ja bereits von einem Widerspruch ausgehen. Doch vor Gödel dachte man, dass dies auch schon genüge: gebe es keinen Widerspruch innerhalb der Ausgangsaxiome, müssten *alle* aus diesen Axiomen abgeleiteten Theoreme genauso wahr sein wie die Axiome, also in keinerlei Widerspruch zueinander stehen.

In diese Idylle platzte Gödel, indem er unwiderleglich bewies, dass die Ratio von einer logischen Verknüpfung zur nächsten unentrinnbar auf ihren „Untergang" zusteuert, da sie früher oder später zu zwei miteinander absolut unvereinbaren, widersprüchlichen Theoremen gelangen muss, zum Beispiel, dass „schwarz" und „weiß" *gleichzeitig* „wahr" sind, weil beide streng logisch aus denselben Axiomen abgeleitet wurden, die alle als „wahr" betrachtet wurden und ursprünglich in keinerlei Widerspruch zueinander standen.

In einer ähnlichen Situation hatte man sich schon 1920 in der Physik befunden, als man entdeckte, dass ein und dasselbe Materieteilchen Welle und Korpuskel zugleich ist, also gleichzeitig „kontinuierlich" und „diskontinuierlich"; doch dachte man damals noch, dass den Mathematikern, die das Banner der Vernunft besonders hochhalten, etwas derartig „Abenteuerliches" nie passieren könnte. Nun, man hatte sich geirrt, und der Störenfried war Kurt Gödel. Er hatte gezeigt, dass das Leid (denn ist Widerspruch nicht „Leid"?) unvermeidlich Bestandteil des vernunftbegabten Wortes ist und man sich damit abfinden muss. Die Ratio, das ist das Paradies, aber auch die Hölle. Wie „wahr" sind doch die Worte des persischen Dichters Omar Khajjam aus dem 11. Jahrhundert, wenn er schreibt: „Ich sandte meine Seele ins Unsichtbare, um im Jenseits Antwort zu finden. Und nach vielen Tagen kehrte meine Seele zurück und sagte: ‚Siehe, ich selbst bin der Himmel und die Hölle'."

Das Leid, ein Kind des Widerspruchs, gehört untrennbar zum Wort. Es zeigt uns, dass die Ratio, sich selbst überlassen, unweigerlich in die Irre geht und auf ihrem Weg zu einem immer höheren Bewusstseinsgrad ins Stocken gerät. Dies gilt auch für das einzelne Teilchen, bei dem das Mentale auf dem Weg zu immer höherer Komplexität unweigerlich dem Widerspruch, dem Leid begegnen wird, wenn es sich nur vom Ariadnefaden der Vernunft leiten lässt.

Wohin soll das Psychomaterieteilchen sich angesichts des drohenden Leids wenden? Wie wir in der Folge sehen werden, ist der Abwehrkampf gegen das Leid ein kontinuierlicher Prozess (oder sollte es jedenfalls sein), in dem das Mentale seine Kraft aus der „Wohlordnung“ des Seienden schöpft. Was es mit dieser „Wohlordnung“ auf sich hat, soll das nächste Kapitel klären.

DIE „WOHLORDNUNG“ DES SEIENDEN

Das Seiende ist per definitionem, so sagten wir, die Menge alles Möglichen, genauer gesagt aller möglichen Formen/Symbole, die wir Archetypen nennen, wenn sie noch nicht durch den Geist „aktualisiert“ wurden.

Das heißt, dass es im Seienden Archetypen gibt, die zu *widersprüchlichen* Formen/Symbolen werden können, wenn sie *gleichzeitig* im Wort verwirklicht werden. Denn da die Archetypen ja „alle Möglichkeiten“ enthalten, enthalten sie zu jeder Form/Symbol auch eine solche mit *gegenteiliger* Bedeutung. Der springende Punkt dabei ist, dass die *im* Wort widersprüchlichen Formen/Symbole im Seienden *niemals* widersprüchlich sind. Denn, wie wir sehen werden, ist im Seienden alles „wohlgeordnet“. Es wäre daher sehr wichtig, die Prinzipien dieser Ordnung zu entdecken, denn dann wäre es vorbei mit all den Widersprüchen, mit denen wir leben und die wir als Leid erfahren. Die „Wohlordnung“ des Seienden zu entdecken, hieße *die Freude* finden. Und auf seinem Weg zu einem sich ständig erweiternden Bewusstsein müsste das Wort das Leid mehr und mehr hinter sich lassen und in Freude verwandeln.

Versuchen wir nun, etwas konkreter zu werden und zu zeigen, wie wir den Widerspruch im Wort erleben. Nehmen wir etwa den sich in der Form/Symbol Liebe aktualisierenden Archetypus. Die Liebe ist ein Impuls, der uns die Vereinigung mit dem anderen suchen lässt, was sich zum Beispiel auch in dem Bibelwort ausdrückt: „Liebe deinen Nächsten wie dich selbst.“ Nach und nach jedoch bauen sich um diesen Archetypus Liebe verschiedene Verhaltensweisen auf, die sich vorgeblich alle auf das „Axiom“ der Liebe stützen: Seinen Nächsten zu lieben, bedeutet zunächst, jene zu lieben, die einem nahestehen, seine Familie, sein Dorf, seine Stadt, sein Land. Auch „Vaterlandsliebe“ ist also Liebe. Sein Vaterland zu lieben, bedeutet aber auch, es gegen jeden Angreifer zu verteidigen, also kann Vaterlandsliebe zu Gewaltakten gegen den „Nächsten“, in diesem Fall den Fremden, den Feind, führen. Und schon befinden wir uns mitten im Widerspruch, dem unweigerlich Leid entspringt. Der Archetypus Liebe, die Vereinigung mit dem anderen, dem Nächsten, führt auf dem Weg über „logische“ Schlussfolgerungen dazu, dass dieser „Nächste“ gleichzeitig mein Freund und mein Feind ist, den ich liebe und hasse, für den ich mich töten lasse und den ich töte. Ein ursprünglich richtig und sogar wünschenswert scheinendes Axiom wie das der Liebe birgt in sich Schwarz und Weiß, Gut und Böse.

Und dennoch, auf der *Ebene des Seienden* kann es weder Gut noch Böse geben, denn das Seiende ist so beschaffen, dass in ihm *alle* Archetypen, also auch diejenigen, die zu offenkundig widersprüchlichen Formen/Symbolen werden, „wohlgeordnet“ sind, d.h. in völlig harmonischer Beziehung. Wie aber ist es zu verstehen, dass aus der Harmonie des Seienden die Widersprüchlichkeit des Wortes entstehen kann?

Die „Wohlordnung“ ist ein sehr wichtiger Begriff, mit dem sich die Mathematiker der Mengenlehre sehr intensiv beschäftigt haben. 1904 formulierte der deutsche Logiker Ernst Zermelo ein Theorem, das manche als die Krönung der Mengenlehre bezeichnen. Es lautet:

„Jede Menge lässt sich wohlordnen.“

„Wohlgeordnet“ ist eine Menge dann, wenn es möglich ist, eine allgemeine Ordnungsrelation (Reihenfolge) zu finden, welche alle Elemente der Menge so zueinander in Beziehung setzt, dass einem ersten Element das zweite absolut eindeutig zugeordnet wird, diesem zweiten eindeutig das dritte usw. bis zum letzten Element. Ein typisches Beispiel für eine wohlgeordnete Menge ist die Menge der sogenannten natürlichen Zahlen 1, 2, 3, ... bis unendlich. Die Relationsregel ist hier „größer als“, das erste Element die Zahl 1.

Zermelo hat bewiesen, dass es für jede beliebige Menge eine Ordnungsrelation gibt, nach der sich alle Elemente der Menge wohlordnen lassen; eine Erkenntnis von großer Tragweite, denn wenn sie sich auf *alle* Mengen bezieht, dann auch auf die Menge aller Möglichkeiten, also auf das Seiende.

Allerdings hat uns Zermelo kein Patentrezept geliefert, mit dessen Hilfe wir für jede Menge die entsprechende Ordnungsrelation entdecken könnten. In der Praxis stoßen wir sogar auf sehr viele Mengen, für die die Mathematik bis heute keine Ordnungsrelation gefunden hat. Eine scheinbar ganz einfache Menge, deren Ordnungsrelation noch der Entdeckung harrt, ist jene der sogenannten „reellen“ Zahlen: sie bestehen aus der Menge der natürlichen Zahlen plus allen Zahlen, die man *zwischen* zwei aufeinanderfolgenden natürlichen Zahlen nennen kann, die Zahlen zwischen 0 und 1 inbegriffen (wobei 0 nicht zu den „reellen“ Zahlen gehört); also zwischen 1 und 2 etwa alle Zahlen wie 1, ... mit beliebig vielen Dezimalstellen. In einer solchen Menge ist das erste Element mit der Relationsregel „kleiner als“ nicht zu definieren, denn wie klein eine Zahl 0, ... auch sein mag, es gibt *immer* eine, die noch kleiner ist. Das heißt aber nicht, dass die Menge der reellen Zahlen nicht wohlgeordnet sein kann; wir müssen vielmehr mit Zermelo sagen, dass sie sich, wie alle Mengen, theoretisch wohlordnen lässt. Nur ist die Relation, nach der sie geordnet werden müsste, noch nicht entdeckt ... und wird vielleicht niemals entdeckt werden.

DAS SEIENDE IST DIE EINZIGE „EWIG“ WOHLGEORDNETE MENGE

Da alle Mengen wohlgeordnet sein können, gilt dies auch für die Menge der durch den Geist aktualisierten und im Wort gespeicherten Formen/Symbole. Betrachtet man eine solche Menge, die die Mentallandschaft eines Psychomaterieteilchens *zu einem gegebenen Zeitpunkt t* bildet, ist es möglich, die Ordnungsrelation zu entdecken, der gemäß sich diese Menge zu diesem Zeitpunkt t wohlordnen lässt. Nichts anderes versucht ja die Wissenschaft mit der Menge der ihr zu einem Zeitpunkt t zur Verfügung stehenden Erkenntnisse. Doch wie wir gesehen haben und wie Kurt Gödel bewiesen hat, weitet allein schon die Logik die Anzahl der Elemente dieser Menge immer mehr aus, indem sie ihnen zum Beispiel neue Theoreme hinzufügt. Und das führt früher oder später unweigerlich zu zumindest einem Widerspruch zwischen den Elementen der aktualisierten Formen/Symbole, womit es um die Wohlordnung innerhalb der Menge der Erkenntnisse geschehen ist ... was wiederum die Wissenschaftler zwingt, sich auf die Suche nach einer *neuen* Ordnungsrelation zu machen, welche die nun vergrößerte Menge der Erkenntnisse in eine neue Wohlordnung bringt. Und auch diese neue Ordnung wird wieder nur eine *provisorische* sein können, da ja die wachsende Flut der Erkenntnisse in Zukunft zu immer neuen Widersprüchen führen muss.

Wir müssen also feststellen, dass jede Menge von Formen/Symbolen innerhalb des aktualisierten Wortes *nur einer provisorischen Ordnung* unterliegen kann, die früher oder später erneuert werden muss. Nur die Wohlordnung des Seienden ist *endgültig*, denn das Seiende ist *die größte* denkbare Menge, der man nichts hinzufügen und von der man nichts abziehen kann. Sie enthält alle Möglichkeiten und weist als einzige eine Ordnung auf, die wir als „ewig“ bezeichnen müssen, oder vielmehr als „transzendent“, denn das Seiende enthält ja auch Raum und Zeit selbst, weshalb auch der Begriff „ewig“ nur beschränkt anwendbar ist. Das Seiende IST die Wohlordnung, sogar über Raum und Zeit hinweg.

DIE INTUITION AUF DER SUCHE NACH DER WOHLORDNUNG

Es wäre für uns von unschätzbarem Wert, die Wohlordnung des Seienden (d.h. die Relationsvorschrift, die eine Wohlordnung sämtlicher Möglichkeiten bewirkt) zu kennen, sowohl für uns als komplexe Organismen, die wir Bestandteile des lebendigen Wortes sind, als auch für jedes einzelne Psychomaterieteilchen, das ja ebenfalls ein mit „Persönlichkeit“ begabtes Element des lebendigen Wortes ist.

Doch wie sollen wir sie finden, diese Wohlordnung des Seienden, die absolute, transzendente Ordnung, mit deren Hilfe wir alle Widersprüche überwinden und vom Leid zur Freude gelangen könnten?

Eines wissen wir jedenfalls bereits: Die Ratio allein wird uns nicht helfen, diese „universelle“ Ordnungsrelation zu entdecken. Sie kann es nicht, da sie, wie wir dank Gödel wissen, außer zu „brillanten“ Schlussfolgerungen auch immer wieder in Sackgassen führt, wo ihre „rationalen“ Thesen einander widersprechen.

Hier springt der Geist „in die Bresche“, indem er dem Wort eine „andere“ Logik zur Annäherung an die Wohlordnung des Seienden anbietet, durch die sich manche der Widersprüche überwinden lassen, die der Preis für das „rationale Denken“ sind. Diese „andere“ Logik - wir sagten es bereits – ist die der Intuition, die Logik des Booleschen Verbandes.

Wie erinnerlich gibt diese Logik dem Seienden eine bestimmte Struktur, die aus den drei Operationen: Vereinigung, Durchschnitt und Komplementarität der Archetypen des Seienden resultiert. Es geht nicht mehr darum, eine Form/Symbol zu „identifizieren“, indem man ihr Gestalt und Bedeutung in Bezug auf die bereits gespeicherten Formen/Symbole verleiht. Vielmehr wählt der Geist aus der Menge alles Seienden einen Archetypus A, d.h. eine Form/Symbol noch ohne Gestalt und Bedeutung, eine „leere“

Form/Symbol. Wie aber kann der Geist etwas wählen, das „leer“ ist? Ja, kann man denn überhaupt von etwas *völlig* „Leerem“ sprechen?

Die Antwort auf diese Frage ergibt sich aus dem Umstand, dass der Geist *nicht nur* das wählt, was einmal Form/Symbol A werden wird, sondern zugleich auch deren *Komplement* $\bar{A}$ („nicht A“):

Das Seiende = 1

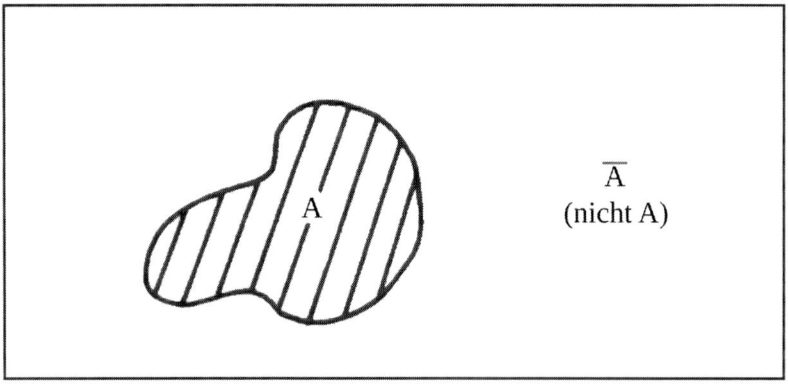

Das Komplement „nicht A“ von A ist, wie wir bereits wissen, die Gesamtheit des Seienden außer A (siehe obige Darstellung). Die Vereinigung von A und „nicht A“ ergibt das Seiende, der Durchschnitt von A und „nicht A“ ist die „leere Menge“:

$$A \cup \bar{A} = 1$$
$$A \cap \bar{A} = \emptyset$$

Der Geist kann also den Archetypus, den wir A genannt haben, nicht wählen, ohne gleichzeitig das Komplement von A „nicht A“ zu bestimmen (zu „aktualisieren“). Wir könnten es so formulieren: dadurch, dass der Geist sich entschließt, dem Archetypus A Existenz zu verleihen, verleiht er zugleich auch der Essenz von A, dem Komplement von A Existenz, also dem Archetypus „nicht A“. Dieses Komplement von A, das „alle Möglichkeiten außer A“ enthält, enthält demnach auch das Gegenteil von A: Irgendwann muss daher unausweichlich ein Widerspruch zwischen A und Ⱥ auftreten.

Der Geist vermag die Form/Symbol nicht „in die Welt zu setzen“ (zu aktualisieren), ohne dass im Wort zugleich auch die Form/Symbol „Gegenteil von A“, erscheint.

Rekapitulieren wir diese Analyse, die aufzeigt, dass im Wort notwendig immer auch das „Gegenteil“ vorhanden ist, denn dieser Aspekt in den Beziehungen zwischen dem Seienden, dem Geist und dem Wort ist *sehr wichtig*. Der Geist wählt also aus dem Seienden einen Archetypus, eine „leere“ Form/Symbol, ohne Gestalt und Bedeutung. Ein solcher Archetypus ist also lediglich ein „Werde-Impuls“, denn er ist ja noch nichts „Gewordenes“. Wir nennen diesen Archetypus A. Indem er ihn „frei“ aus dem Seienden auswählt, gibt der Geist ihm „Existenz“. Doch von sich aus hat A noch keine Bedeutung, es ist lediglich das Komplement einer „Essenz“, die gemäß der Logik des Booleschen Verbandes „nicht A“ heißt, und ($\overline{\mathbf{A}}$) die das Komplement von A im Seienden ist. Der Archetypus „nicht A“ ist daher die Menge aller Archetypen des Seienden außer dem Archetypus A selbst. Seiner Existenz nach ist A gleich A, seiner Essenz nach ist A „nicht A“. „Nicht A“, das alle Archetypen des Seienden außer A enthält, enthält folglich auch das *Gegenteil* von A ( ). Man kann daher sagen, dass A, da es auch ist, folglich nicht A ist, beziehungsweise dass A, da „nicht A“ auch enthält, ebenso wenig „nicht A“ ist. Wir sehen uns hier mit der ontologischen Ambivalenz aller Dinge konfrontiert, die der „intuitiven“ orientalischen Logik völlig geläufig, unserer „rationalen“ Logik dagegen völlig fremd ist. Der japanische Philosoph Toshihiko Izutsu von der Universität Tokio formuliert es so: „Jedes Ding ist und ist zugleich nicht. Alles, was als existent wahrgenommen wird, existiert in Wirklichkeit nicht.“

Man kann annehmen, dass diese Art der Logik (Logik des Booleschen Verbandes), die in jedem Ding zugleich das Ganze zu erkennen sucht, jenem Bewusstseinszustand entspricht, in dem der Geist für einen Augenblick mit dem Seienden selbst verschmilzt, das heißt mit der Vereinigung eines Dings und allem, was dieses Ding nicht ist. Ist nun das Seiende wohlgeordnet, so kann man weiterhin annehmen, dass der Geist durch diese momentane „Identität“ mit dem Seienden diese Wohlordnung des Seienden intuitiv „erfühlt“. Doch dieses „Erfühlen“ kann nicht mehr bewirken als eben ein „Gefühl“. Die Begegnung mit dem Seienden löst ein *Gefühl* des Erfülltseins aus, letztlich ein Gefühl der Freude. Es handelt sich hier tatsächlich um ein „Urgefühl“, das jeglicher Wahrnehmung vorausgeht, denn die Wahrnehmung ist ja bereits bestrebt, das Gefühl in Beziehung zu den Elementen des persönlichen Gedächtnisses zu setzen, also zu dem, was bereits Form/Symbol geworden ist. Der Archetypus dagegen, den der Geist einen Augenblick lang als Einheit von Existenz und Essenz „erfühlt“, gehört jenem bevorzugten Zeitpunkt an, der jeder Wahrnehmung vorausgeht.

Diese *totale* Erfassung des Seienden und seiner Wohlordnung nennen wir Intuition. Intuition ist ein Gefühl der Fülle, sie ist Freude und Freiheit. Die Intuition ist das, was die Ratio nicht ausdrücken kann und dennoch braucht, um voranzuschreiten.

DAS URGEFÜHL UND DIE FREIHEIT

Dieses „Erleben des Lebens“, das jeder von uns immer wieder fühlt (oder doch fühlen sollte), möchten wir als *Urgefühl* bezeichnen. Wir fühlen uns in solchen Augenblicken eins mit dem gesamten Universum, mit der Fülle des Seienden.

Dieses Gefühl ist insofern tatsächlich ein Urgefühl, als es noch mit keinem Element unseres Gedächtnisses zusammenhängt. Eben darin unterscheidet es sich von der Wahrnehmung, die aus Formen/Symbolen besteht, also aus den Komponenten unseres Gedächtnisfeldes (das wir als Sigma-Feld bezeichnet haben) und den zu jeder dieser Komponenten gehörigen Initialbedingungen. Allerdings müssen wir hinsichtlich der Wahrnehmung zwei grundverschiedene Aspekte unterscheiden:

1. Die „interaktive“, auf Wechselwirkung beruhende Wahrnehmung: durch die *Wechselwirkungen erkennt* das Mentale in dem es umgebenden Universum eine *bereits gespeicherte* Form/Symbol. Durch diese Art der Wahrnehmung werden also die Initialbedingungen einer bestimmten Form/Symbol im „wahrnehmenden“ Teilchengedächtnis den in der Außenwelt „wahrgenommenen“ Gegebenheiten angepasst.
2. Die „schöpferische“ Wahrnehmung: durch seine *schöpferische Fähigkeit* führt das Mentale eine neue Komponente in sein Gedächtnisfeld ein, d.h. eine Form/Symbol, die noch nie gespeichert wurde. Die Schaffung einer neuen Form/Symbol geht gleichsam so vor sich, dass die den Initialbedingungen der neuen Form/Symbol entsprechenden Zahlen „aus der Null hervorgebracht“ werden.

Diese schöpferische Wahrnehmung folgt unmittelbar auf das Urgefühl, auf die intuitive Erfassung des Seienden, die der Ursprung *meiner Freiheit* ist. Ich bin frei, denn ich kann neue Formen/Symbole hervorbringen, Formen/Symbole, die in meiner ganz persönlichen Mentallandschaft noch nicht vorhanden waren.

Diese Schaffung *neuer* Formen/Symbole ist sehr wichtig: denn dank dieser immer neuen Elemente (die wir für gewöhnlich mit dem Begriff der schöpferischen Fantasie, dem Imaginativen, wie Henri Corbin es nennt) assoziieren, kann das Mentale die der Ratio eigenen Widersprüchlichkeiten überwinden. Diese neuen Formen/Symbole können nun ihrerseits wieder zu neuen „Axiomen" werden und damit eine breitere Operationsbasis schaffen, von der aus die Ratio ihre aus den Axiomen gezogenen Schlussfolgerungen „harmonisieren" kann. Freilich handelt es sich dabei nur um einen vorübergehenden Zustand: Die Ratio dehnt ihr „rationales" Wissensgebiet weiter aus und gerät dadurch wieder in neue Widersprüche, die wiederum des Eingreifens der schöpferischen Fantasie bedürfen. Die Intuition mit ihrer Gesamtschau des Seienden „errät" quasi die diesem zugrunde liegende Wohlordnung und gibt so dem Geist die Möglichkeit, aus allen Archetypen denjenigen zu wählen, der innerhalb des Wortes die von der Ratio hervorgebrachten Widersprüche zu überwinden vermag. Die Intuition ist gleichsam die Atemluft der Ratio, ohne Intuition erstickt der Verstand. Womit wir uns allerdings sehr weit von den reduktionistischen Vorstellungen entfernt haben, die noch zu Beginn dieses Jahrhunderts vorherrschten und die nur die Ratio anerkannten, während man die Intuition Bergson und seiner Metaphysik überließ.

Jene Urgefühle, denen meine Freiheit entspringt, sind meist sehr einfach – hervorgerufen durch Sonnenflecken auf dem Waldboden, den Blick auf die Weite der See oder des Firmaments oder das charakteristische Geräusch, mit dem ein Frosch in das Wasser des Teiches hüpft, an dem ich vor mich hin träume. Es kann jedoch auch ein Augenblick in meinem Leben sein, der sich äußerlich durch nichts von meinem Alltag abhebt und in dem ich doch in meinem tiefsten Inneren ein Erfülltsein erlebe, das jede kleinste Parzelle meines Körpers zu durchdringen scheint. Ich erinnere mich in diesem Zusammenhang an einen Junimorgen – ich war auf ein paar Tage in die Bretagne gefahren –, an dem ich mit meinen beiden Settern in eine kleine Sandbucht hinunterstieg. Ich warf ihnen Kieselsteine in die leichte Brandung, und sie apportierten sie unter fröhlichem Gebell. Die Bucht war von ebenholzschwarzen Felsen umgeben, der Himmel war bedeckt, doch man spürte die Wärme der hinter den Wolken verborgenen Sonne. Die ganze Woche über war ich jeden Tag in die Bucht hinuntergestiegen und hatte die Ruhe, die Farben und Gerüche in diesem abgelegenen Winkel der Bretagne genossen. An jenem Morgen war alles wie sonst, doch plötzlich fühlte ich in mir eine unerklärliche Erregung aufsteigen, so als würde in diesem Augenblick die Welt für mich neu erschaffen. Es war ein herrliches, unvergessliches Gefühl, alles verschmolz in einem Bild, das aus dem

Nirgendwo kam und mich ganz erfüllte. Wieso war es plötzlich in mir aufgestiegen, dieses „Urgefühl", obwohl doch die äußeren Bedingungen völlig alltäglich waren? Wer kann das ergründen? Ich weiß nur, dass es ein intensives Gefühl der Freiheit war, es versetzte mich an einen Punkt, an den ich noch nie gelangt war, den jedoch irgend etwas in mir zu erreichen beschlossen hatte. Ich weiß heute, dass ich dieses Urgefühl meinem Geist verdanke, der mir einen Augenblick des Verbundenseins mit der Fülle des Seienden geschenkt hat.

EIN UNIVERSUM, DAS EINE DREIEINHEIT AUS SEIN, GEIST UND WORT IST

Somit wären wir nun am Schluss unserer Struktur- und Verhaltensanalyse der Psychomaterie angelangt, die wir anhand ihrer einfachsten Bestandteile, der Teilchen und Felder, aus denen unser gesamtes Universum besteht, durchgeführt haben.

Die ontologische Struktur dieses unseres Universums ist eine „triadische", bestehend aus dem Seienden als der Menge aller Möglichkeiten, dem Wort als der Menge alles Aktualisierten und dem Geist als dem universellen Bewusstseinszentrum, der das „Aktualisierte" erschafft, indem er es frei aus der Menge der Möglichkeiten wählt.

Die „Geschichte" des Universums spielt sich in Raum und Zeit ab, im Wort also; deshalb ist dieses die einzige Substanz, mit deren Hilfe wir unser Universum „darstellen" können. Doch dürfen wir dabei nie den Umstand aus den Augen verlieren, dass eine völlig *kohärente* Darstellung des Wortes dieses nie losgelöst von seinen ontologischen „Partnern", dem Seienden und dem Geist, betrachten darf. Ich bin eben nicht nur Wort (Form/Symbol), sondern ich bin jene aus Seiendem, Geist und Wort bestehende, paradox anmutende „triadische" Einheit. Dies ist keineswegs eine rein „intellektuelle" Betrachtungsweise, sondern jene, die notwendig ist, um die Kohärenz unseres Diskurses über das, was wir sind (als Einzelne und als Gesamtheit), zu wahren.

Wenn ich mich bei meiner Darstellung des Universums auf das Wort beschränke (eine Versuchung, der die Wissenschaft der vergangenen drei Jahrhunderte immer wieder erlegen ist), weiß ich nicht, wie ich das Verhalten der Elemente unseres Universums erklären soll, ein Verhalten, das durch wissenschaftliche Beobachtungen belegt ist und in dem ein Maß an

Freiheit zutage tritt, welches nur dann erklärlich ist, wenn man bereits auf der Ebene der Elementarteilchen eine gewisse Freiheit anerkennt. Denn wie in uns so wirkt auch in den Elementarteilchen jener Geist, der durch intuitive Erfassung der Wohlordnung des Seienden ihr Verhalten „frei" macht.

IMAGINÄRES UND REALITÄT

Verhaltensweisen und Gedanken (die ja die Zweieinheit Formen/Symbole bilden) werden im Wort dargestellt. Wir müssen dabei aber zwischen zwei Arten der Raum-Zeit unterscheiden:

1. **Die imaginäre Raum-Zeit**, bestehend aus einer Vielzahl von persönlichen Mikro-Universa, die wir als Äonen und Präonen bezeichnet haben. (*Jedes* dieser Mikro-Universa besteht aus einem eigenen Raum und einer eigenen Zeit, daraus erklärt sich seine „Persönlichkeit".) Die Präonen bilden die *physikalischen Felder* (elektromagnetische Felder, schwache Felder, Schwerefelder und starke Felder); die Äonen bilden die *Teilchen* (geladene Leptonen, Quarks und Photonen). Alle verfügen über „freie" Verhaltensmöglichkeiten im Rahmen der äußeren physikalischen Gesetzmäßigkeiten (Psi-Welle). Die Äonen haben außerdem ein Teilchengedächtnis (Sigma-Feld), das mit der Psi-Welle gekoppelt ist und diese Psi-Welle moduliert, unter Berücksichtigung der vom Gedächtnis ausgehenden „psychischen" Zwänge. Der Einfluss des Gedächtnisses auf das Teilchenverhalten ist meist an der Durchbrechung der *Symmetrieeigenschaften* erkennbar, die „gedächtnislosen" oder mit „leeren" Gedächtnissen versehenen Teilchen eigen wären. Auf das Problem symmetrischer oder asymmetrischer Verhaltensweisen kommen wir übrigens im zweiten Teil dieses Buches noch ausführlich zu sprechen (Kapitel 8).

2. **Die Raum-Zeit der Realität**, eine *kollektive* Raum-Zeit, in der sich die verschiedenen Eigenschaften der die imaginäre Raum-Zeit bevölkernden Mikro-Universa manifestieren, vor allem ihre „Kommunikationsfähigkeit". Die vier Eigenschaften der äonischen Psychomaterie sind die Fähigkeit zur Schaffung von Neuem, die deutungsfähige Erinnerung, die Wechselwirkung und die Vereinigung. Man kann in diesem Zusammenhang nicht genug be-

tonen, dass all jene, von der herkömmlichen Physik als Merkmale der Materie (und nicht der Psychomaterie) definierten Begriffe wie das Wirkungsquantum, die Impulsenergie oder die elektrische Ladung gemäß den Erkenntnissen der Komplexen Relativitätstheorie zur Gänze im Bereich des *Imaginären* und nicht in dem der Realität liegen: die Realität ist nur ein kollektiver Ort, wo sich *punktförmige* (und daher „inhaltslose") Strukturen und Psi-Wellen (mit unendlicher Geschwindigkeit im Bezugssystem ihres punktförmigen Emittenten) bewegen, die daher keine Energie aussenden. Diese Psi-Wellen sind der „wellenförmige" Aspekt der imaginären Mikro-Universa und informieren diese über die physikalischen Gegebenheiten in der „Außenwelt".

Es ist daher keineswegs irreführend oder übertrieben, zu behaupten, dass die Realität nur „Schein" ist und die eigentliche „Wirklichkeit" im Imaginären liegt.

EIN VOLLSTÄNDIG BELEBTES UNIVERSUM

Gestatten Sie mir noch eine letzte Bemerkung vor dem Ende dieses ersten Abschnitts über die Entdeckung der Psychomaterie.

Der Komplexen Relativitätstheorie zufolge können wir bereits bei den einfachsten Formen des Universums jene Eigenschaften feststellen, die wir nach unserem bisherigen Wissensstand nur den Lebewesen zugeschrieben hatten. Gewiss ist es nicht das erste Mal, dass in der einfachen Materie eine Art „Psyche" vermutet wird; der Gedanke geisterte durch die griechische Philosophie, er tauchte im orientalischen Gedankengut immer wieder auf und hat sich dort bis heute erhalten. Doch auch bei den leidenschaftlichsten Verfechtern der Idee einer „beseelten Materie" (denken wir etwa an Leibniz und seine „Monaden" oder an Teilhard de Chardins Theorie über die Psyche der Teilchen) war immer nur von einer „primitiven" Psyche die Rede: sie machte die Pflanzen ein wenig interessanter als die Steine und die Tiere interessanter als die Pflanzen. Doch handelte es sich immer um eine Psyche, die auch im besten Fall keinerlei Vergleich mit der Psyche jenes außergewöhnlichen Wesens zuließ, das sich Mensch nennt.

Und nun warten wir mit der Entdeckung auf, dass im einfachen Teilchen bereits die wesentlichen Eigenschaften vorhanden sind, auf die der

Mensch so stolz war, weil er glaubte, sie als einziger zu besitzen, wie zum Beispiel die Freiheit. Ja, wir müssen sogar erkennen, dass wir diese Eigenschaften eben deshalb besitzen, *weil* wir eine Vereinigung von Teilchen sind, von denen *jedes einzelne Träger dieser Eigenschaften ist*. Das heißt aber nicht, dass ich als Mensch eine Art Hampelmann wäre, dessen Fäden anderswo gezogen würden. Es heißt einfach, dass „ich meine Psychomaterieteilchen bin", mein Geschick ist mit dem ihren auf Gedeih und Verderb verbunden. Es hat keinen Sinn, dass ich mir Fragen über die letzten Dinge stelle, über meinen Geist etwa, meine Beziehung zum Ganzen (Gott), über die Transzendenz oder das „ewige" Leben meiner Seele, wenn ich mir nicht dieselben Fragen hinsichtlich jedes kleinsten Bestandteilchens unseres gewaltigen Universums stelle. Und wir fühlen uns um so mehr berechtigt, unsere Blicke auf das „Kleinste" zu richten, in der Absicht, das „Größte" zu verstehen, als wir festgestellt haben, dass all die geheimnisvollen Fragen über unser eigenes Wesen auf der Ebene der Elementarteilchen ihre Antwort finden (ohne deshalb das „Wunderbare" ihres Geheimnisses zu verlieren).

Es ist also so, dass alles belebt ist, auch die kleinsten Bausteine, aus denen sich unser Universum zusammensetzt, und sich eine Art „Solidarität" des Lebendigen aller Größenordnungen feststellen lässt. Früher dachte man, das Leben „drehe sich" ausschließlich um die Erde, so wie man noch früher gedacht hatte, der ganze Kosmos inklusive der Sonne drehe sich um unseren winzigen Planeten. Doch heute, da wir alle anachronistischen Vorurteile über Bord geworfen haben, müssen wir zu dem Schluss kommen, dass das gesamte Universum belebt ist.

Wir wollen uns nun im zweiten Teil dieses Buches in diesem lebendigen Universum ein wenig umsehen und versuchen, es unter jenem neuen Blickwinkel zu betrachten, den uns die Entdeckung der Psychomaterie eröffnet.

ZWEITER TEIL

Ein vollständig belebtes Universum

5.
Anfang und Ende des Universums und die Entstehung der physikalischen Gesetze

Im Anfang war das Wort.

JOHANNES 1, 1

Um die Dinge klar zu sehen, muss man sie von ihrem Anfang an betrachten.

ARISTOTELES

Nun, da wir die wechselseitigen Beziehungen der drei ontologischen Größen Sein, Geist und Wort untersucht und gesehen haben, dass wir dank der Komplexen Relativitätstheorie über eine „Darstellungsmethode“ für die beiden komplementären Seiten des Wortes, das Imaginäre und die Realität, verfügen, möchten wir versuchen, diese neu gewonnenen Erkenntnisse auf die Geschichte des Universums anzuwenden. Wie ist dieses Universum entstanden, wie sah es am Anfang aus, in welcher Form ist die Psychomaterie mit ihrer Speicherungsfähigkeit und ihrer Freiheit erstmals in Erscheinung getreten? Und wie hat sie sich nach diesen „Anfängen“ weiterentwickelt, wie kam es, dass sie sich zu jenen Riesenhaufen, die wir Sterne und Planeten nennen, zusammengeballt hat? Wie sind die ersten sogenannten „lebenden“ Organismen entstanden, von den Viren und den ersten Zellen bis hin zur ganzen Vielfalt des Pflanzen- und Tierreichs? Welcher Platz kommt dem Menschen innerhalb der Evolution des Lebendigen zu? Wird die Entwicklung zum Über-Menschlichen hin weiterschreiten, wie Teilhard de Chardin angekündigt hat? Und schließlich: wohin geht das Universum? Hat es ein „Ende“? Was bedeuten eigentlich Begriffe wie „Anfang“ und „Ende“, wenn es um das gesamte Universum geht, also um die Gesamtheit alles Existierenden?

Wir wollen zunächst mit einer anderen wesentlichen Frage beginnen: Die Physiker beschreiben die Entstehung des Universums anhand jener Gesetze, wie die Physik sie heute kennt. Sie nehmen also an, dass diese Gesetze „von Ewigkeit her“ galten, seit dem Anfang der Welt. Doch musste nicht zuerst das Universum erschaffen werden, ehe die Gesetze der Physik in Erscheinung treten konnten? Und wenn es diese Gesetze am Anfang noch nicht gab, wie kann man sich dann „vernünftigerweise" auf sie berufen, um die Entstehung des Universums zu erklären?

DIE PHYSIKALISCHEN GESETZE SIND, WIE ALLES ÜBRIGE, TEIL DER STRUKTUR DES SEIENDEN

John Wheelers „Konsens" der Teilchen

Der amerikanische Physiker John Archibald Wheeler, bekannt für seine Arbeiten auf dem Gebiet der Astrophysik, hat die Welt der Wissenschaft in den vergangenen Dezennien mehrmals mit seinen originellen Thesen über den Aufbau des Universums überrascht. Auch 1983 verblüffte er seine Physikerkollegen mit einer „guten" Frage: In welchem Zustand befand sich das Universum, als es noch „gesetzlos" war? Und in einem „Die gesetzlosen Gesetze" überschriebenen Artikel schnitt Wheeler als einer der ersten Physiker die Frage der „Genesis" der physikalischen Gesetze in einem Universum an, in dem solche Gesetze noch nicht existierten.

Wheelers Antwort ist interessant: er nimmt an, dass das Universum unmittelbar nach seiner Erschaffung eine Art Chaos war, in dem Licht- und Materieteilchen auf das konfuseste durcheinander schwammen und aufeinander einwirkten. In diesem Anfangschaos, sagt Wheeler, habe es noch keinerlei physikalische Gesetze gegeben, sie seien erst nach und nach entstanden und zwar durch eine Art „Konsens" der Teilchen, ihr Verhalten aufeinander abzustimmen. So hätten die Teilchen beispielsweise festgestellt, dass es vorteilhaft sei, sich immer enger zusammenzuschließen, um große „Teilchengemeinschaften" zu bilden: zu diesem Zweck seien die Teilchen über die Gesetze der Schwerkraft „übereingekommen", gemäß welchen die Teilchen sich gegenseitig anziehen. Nun seien die Teilchen also in Haufen vereinigt gewesen, aus denen später einmal Sterne werden sollten, und hätten ihre Nähe dazu benutzt, sich über Methoden zur Energieproduktion zu einigen (da Energie für jedwede Form der Entwicklung benötigt wird): so seien die Kernkräfte (starke und schwache) zwischen den Teilchen entstanden, und diese „entzündeten" die Sterne und ließen die Lichtenergie im gesamten kosmischen Raum erstrahlen. Danach hätten die Teilchen das Bedürfnis entwickelt, miteinander in Verbindung zu treten, in einen regelrechten „Dialog", wodurch das Zeitalter der Energie von einer Ära der Information und Kommunikation abgelöst worden sei: es sei gleichsam zu einer „Sprachkonvention" zwischen den Teilchen gekommen, und zwar durch die Schaffung der elektromagnetischen Gesetze.

John Wheeler meint demnach, die physikalischen Gesetze seien etwa nach Art der soziologischen Regeln entstanden. Wenn man beispielsweise auf einer einsamen Insel Kinder aussetzte (gerade lebensfähig ohne Hilfe der Erwachsenen, aber noch ohne deren Vorurteile), so würden diese Kinder Regeln des Zusammenlebens „erfinden“, die ein Mindestmaß an Harmonie garantieren. Sie würden etwa beschließen, man dürfe den anderen nicht bestehlen, man müsse arbeiten, für sich und für die Gemeinschaft, man müsse sich zusammentun, um Aufgaben zu bewältigen, die einer allein nicht schafft, man müsse sich auf Mittel zur Verständigung durch Gesten und Sprache einigen, und noch vieles andere mehr, das sich im Laufe der Zeit aus ihrem Zusammenleben entwickeln würde. Aus den Gewohnheiten kleinerer Gruppen entstünden allmählich, durch die Anerkennung der ganzen Gemeinschaft, allgemeine Gesetze, die für die gesamte Gemeinschaft verbindlich wären.

So ähnlich könnten, meint Wheeler, die physikalischen Gesetze entstanden sein, denen sich *alle* Teilchen unseres Universums unterwerfen. Diese Gesetze hätten nach und nach Gestalt angenommen, hätten sich aufgrund der Erfahrungen der einzelnen Teilchen allmählich „herauskristallisiert“, um schließlich, nachdem *alle* Teilchen durch Konsens beschlossen hätten, sich diesen Regeln zu beugen, „Gesetzeskraft“ anzunehmen.

Doch Wheelers „gesetzlose Gesetze“ sind auch „teilchenlos“

Wheelers These mag auf den ersten Blick bestechend scheinen, vor allem im Rahmen der Komplexen Relativitätstheorie, die das Vorhandensein von Gedächtnis und Freiheit bereits beim Elementarteilchen beweist. Um so plausibler müsste also die Tatsache erscheinen, dass Teilchen sich untereinander verständigen, um ein „System“ physikalischer Gesetze zu errichten.

Bei näherer Betrachtung stoßen wir jedoch auf beträchtliche Schwierigkeiten oder zumindest auf Lücken dieser These: Wenn die physikalischen Gesetze nach Art der gesellschaftlichen Gesetze durch einen „Konsens“ der Teilchen entstehen, könnte man erwarten, dass einige dieser Teilchen manchmal ein wenig mit den Gesetzen „jonglieren“, sie einmal mehr und einmal weniger genau befolgen, wie das bei den Gesetzen des menschlichen und des tierischen Zusammenlebens oft der Fall ist. Ich möchte nicht die Möglichkeit bestreiten, dass das einzelne Teilchen hin und wieder von dem einen oder anderen physikalischen Gesetz ein wenig „abrücken“ kann, doch muss uns andererseits immer bewusst sein, dass in der Physik ein Gesetz per definitionem eine Regel ist, der ausnahmslos *alle* Elemente des Universums unterliegen, sonst ist es kein Gesetz. Geht man also wie Wheeler von einer „Teilchensoziologie" aus, so muss man konsequent bleiben: Wenn alle Teilchen ausnahmslos denselben physikalischen Gesetzen unterliegen und diese in ihrem Verhalten zu berücksichtigen haben, dann müssen diese Teilchen doch auch die Fähigkeit besitzen, die Gesetze, die sie geschaffen haben und die zu befolgen sie übereingekommen sind, *auszulegen*. Mit anderen Worten, wir können diesem Gedanken einer „Soziologie der Teilchen" nur folgen, wenn wir den Teilchen jene Eigenschaften zuerkennen, die alle Glieder einer „Gesellschaft" auszeichnen, nämlich Gedächtnis und Freiheit. Bei einer Ansammlung von „Billardkugeln" kann von einer „Soziologie" nicht die Rede sein. Wheeler muss also, wenn er eine Teilchen-Soziologie postuliert, auch davon ausgehen, dass diese Teilchen nicht einfach „Billardkugeln" sind, sondern dass sie *vom Anbeginn des Universums an* mit einem individuellen Gedächtnis und persönlicher Freiheit ausgestattet sind.

Die viel größere Problematik von Wheelers „soziologischer" Theorie liegt allerdings in der Tatsache, dass die Teilchen selbst doch nur entstehen konnten, wenn es zuvor schon physikalische Gesetze gab. Gemäß den neuesten Erkenntnissen der zeitgenössischen Physik gehen von den Teilchen nämlich die physikalischen Wechselwirkungen nicht nur aus, sondern sie selbst sind das Produkt dieser Wechselwirkungen, sie sind aus ihnen „aufgebaut". Es ergibt daher keinen Sinn, von Materieteilchen zu sprechen, die aufgrund von Konventionen all jene Gesetze beschlossen haben sollten, die in der Physik heute gelten …, denn ohne diese Gesetze gäbe es ja gar keine Teilchen!

Die einzige Lösung dieses Dilemmas scheint mir die Annahme zu sein, dass sowohl Teilchen als auch physikalische Gesetze schon am Beginn unseres Universums existierten und potenziell auch in den Strukturen dessen vorhanden waren, was das aktualisierte Universum transzendiert und was wir das Seiende genannt haben. Das Seiende trägt alle Möglichkeiten in sich, aus deren Gesamtstruktur das aktualisierte Wort (die Psychomaterieteilchen und ihre physikalischen und psychischen Gesetze) entstehen kann.

Das Universum wird mit seinen Teilchen und seinen physikalischen Gesetzen geboren

Im ersten Teil dieses Buches haben wir gehört, dass die Menge aller Möglichkeiten (Archetypen) des Seienden nicht „amorph", sondern strukturiert ist, wobei diese „Struktur“ als solche gleichzeitig auch ein Element des Seienden ist (wie könnte es auch anders sein, da das Seiende das *Ganze* ist und daher auch seine eigene Struktur enthalten muss).

Innerhalb des Seienden haben wir zwischen zwei Struktur-Typen unterschieden:

1. Der *Boolesche Verband* der Archetypen des Seienden, der die Regeln der Vereinigung, des Durchschnitts und der Komplementarität definiert, deren der Geist sich bedient, um durch die *Intuition* eine ganzheitliche Annäherung an das Seiende zu erreichen.
2. Die *Gruppenstruktur* der Rotations/Pulsationsbewegungen der Punkte des Seienden, deren sich das Mentale bedient, um mithilfe der *Ratio* die Gesamtheit der Formen/Symbole zu erzeugen, aus denen es besteht.

Dies bedeutet, dass mit der ersten freien Wahl, die der Geist intuitiv im Seienden trifft – der Wahl des Archetyps Raum-Zeit – das Universum entstanden ist, mit ihm zugleich aber auch sämtliche „unverrückbaren“ Eigenschaften, welche die Gruppenstruktur des Seienden der Ratio auferlegt. Das „aktualisierte“ Universum, das in Raum und Zeit liegt und dort auch darstellbar ist, ist *vom ersten Augenblick an* mit jenen raumzeitlichen Eigenschaften ausgestattet, welche die Ratio und die Gruppenstruktur der ihm eigenen Punktbewegungen ihm zugestehen und aufzwingen. Eben weil die *physikalischen* Eigenschaften des Universums keine „anderen“ sein konnten, kann die Komplexe Relativitätstheorie – gestützt auf den Formalismus der Gruppenoperationen von Pulsationen/Rotationen punktförmiger Größen – für das ganze Universum ein System gekoppelter Gleichungen (System A - H - K) aufstellen, deren *einzige* Lösung *alle* numerischen Größen des raumzeitlichen Universums angibt, d.h. auch die Werte dieser Größen im ersten Augenblick des Universums, im ersten Augenblick des Worts.

Der *erste Schöpfungsakt* des Universums ist also die intuitive Vereinigung des Geistes mit dem Seienden, aus der die freie Wahl des Archetyps Raum-Zeit resultiert.

Der *zweite Akt* ist die Verwirklichung dieses Archetyps im Wort, aus der das Universum mit all jenen physikalischen Eigenschaften hervorgeht, die man (auf rein rationalem Weg) mithilfe des Formalismus der Komplexen

Relativitätstheorie berechnen kann. In jedem Punkt des Universums sind also, vom Augenblick seiner Entstehung an, Intuition und Ratio *integriert.*

Das Universum ist von seinen physikalischen Gesetzen nicht zu trennen, und zwar betreffen diese sowohl die „persönlichen" imaginären Mikro-Universa der Psychomaterie (Präonen und Äonen) als auch die immense „kollektive" Raum-Zeit der Realität (kosmologisches Modell).

Vom ersten Augenblick an sind also alle Formen und Symbole vorhanden, doch machen sie im Laufe der Zeit eine *Entwicklung* durch. Wir haben gehört, dass in jenem ersten Augenblick der Welt (einer noch rein „physischen" Welt) erst die *niedrigste* Stufe des Teilchengedächtnisses (die 16 symbolischen Komponenten der Psi-Welle) aus dem Bewusstsein emporsteigt. Doch nach und nach kommen mit alternierender Hilfe von Intuition und Ratio immer neue Formen/Symbole hinzu, die Psychomaterie-Mikrouniversa erklimmen immer höhere Bewusstseinsstufen.

Und in diesem Sinne hatte John Wheeler recht. Die Psychomaterieteilchen, aus denen unser Universum besteht, unterliegen tatsächlich einer psychologischen und soziologischen Evolution. Doch diese Evolution beruht nicht (oder nicht ausschließlich) auf den „physikalischen" Gesetzen, die von Anfang an da waren und sich im Laufe der Geschichte des Universums nicht verändern. (Daher kann die Komplexe Relativitätstheorie die physikalischen Eigenschaften des gesamten Universums für jedes Zeitalter berechnen). Die einzig wahre Evolution, die das Wort erlebt, ist die PSYCHISCHE EVOLUTION, die Evolution des BEWUSSTSEINS.

Und deshalb wird die Physik der Zukunft sich paradoxerweise nicht so sehr mit den physischen Aspekten des Universums zu beschäftigen haben, sondern in erster Linie mit der Geschichte des Bewusstseins.

DAS BEWUSSTSEIN ENTWICKELT SICH FREI IM DETERMINISTISCH BESTIMMTEN RAHMEN DER PHYSIKALISCHEN GEGEBENHEITEN

Dass das Universum mit *unveränderlichen* physikalischen Gesetzen entstanden ist, also mit Gesetzen, die im Laufe der Zeit keinerlei Veränderungen unterliegen, ist für uns sehr wichtig, denn wir können daraus schließen, wie der rein „physikalische" Teil des Universums, der diesen Gesetzen unausweichlich unterliegt, sich entwickeln wird. Ausgehend von diesen Gesetzen können wir ein sogenanntes „kosmologisches Modell" erstellen, das nicht nur eine Darstellung des Universums zum Zeitpunkt seiner Entstehung ermöglicht, sondern auch seiner allmählichen Evolution und seines Endes, falls es überhaupt ein Ende geben sollte.

Um Missverständnissen vorzubeugen: die Evolution des Universums kann nicht zur Gänze vorhergesehen werden. Wir wissen ja, dass die physikalischen Gesetze uns so gut wie nichts über die *Inhalte* der Teilchengedächtnisse sagen können und ebenso wenig vorhersehen lassen, für welche Entscheidungen das einzelne Teilchen seine Freiheit nutzen wird (sonst wäre es ja keine Freiheit). *Unvorhersehbar* ist also jene Evolution, die davon abhängt, was der Geist mit seiner Freiheit und seinem Gedächtnis anfängt. *Vorhersehbar* ist jedoch jene Evolution, die den physikalischen Gesetzen unterworfen ist, denen der Geist seit jenem Augenblick gehorchen muss, in dem er beschloss, das aus Raum und Zeit gebildete Wort zu schaffen. Es gibt also einerseits deterministische Gesetze, die die „Substanz" (hier Raum und Zeit) betreffen, andererseits aber auch unvorhersehbare „Formen", die der Geist aus dieser Substanz herausmodelliert, indem er sich seines rationalen Gedächtnisses und seiner schöpferischen Freiheit bedient. Wenn nun unter der Einwirkung der physikalischen Gesetze die Substanz „altert" und sich verändert, muss der Geist sich damit abfinden und sein künstlerisches Werk mit dem umgewandelten, neuen „Werkstoff" fortsetzen.

Der Geist, könnte man auch sagen, entwickelt sich in einer Umgebung (kosmologisches Universum), deren Evolution unkontrollierbar ist. Ein analoges Beispiel wäre unsere Erde, die sich um die Sonne dreht: das Leben auf unserem Planeten hätte sich in unterschiedlichster Weise entwickeln können, und die Zukunftsaussichten des Lebens auf Erden reichen, wie wir alle wissen, von der Selbstzerstörung bis zu einer harmonischen Entfaltung der Menschheit. Doch wird diese Entwicklung des Lebens auf der Erde – wie immer sie auch aussehen mag – immer denselben physikalischen Gesetzen unterliegen: Die Erde wird sich weiter um die Sonne drehen und von der physikalischen Entwicklung der Sonne abhängig sein. Sollten die physikalischen Gesetze es mit sich bringen, dass die Sonne eines Tages erlischt, wird das Leben auf der Erde mit den Bedingungen fertig werden müssen, die sich aus einer „kalten" Sonne ergeben, usw.

Wir wohnen alle zum einen in der kosmologischen Raum-Zeit und zum anderen in den imaginären Mikro-Universa, die wir Präonen und Äonen nannten. Innerhalb dieser beiden „Wohnstätten" entwickelt sich nun unser persönliches Bewusstsein oder vielmehr das Bewusstsein jedes einzelnen Psychomaterieteilchens. Sowohl der reale Kosmos als auch die imaginären

Mikro-Universa sind aus den physikalischen Gesetzen hervorgegangen, deren Entwicklung vorhersehbar ist, sobald man diese Gesetze kennt. Es ist also eine *deterministische* Entwicklung, dank der wir den *physikalischen Rahmen* abstecken können, in dem sich unser Bewusstsein, das die Frucht von deutungsfähigem Gedächtnis und Freiheit (Ratio und Intuition) ist, immer weiterentwickeln wird.

DIE ZYKLEN DES PHYSIKALISCHEN UNIVERSUMS

Das Bewusstsein entwickelt sich also frei innerhalb von zwei sich deterministisch entwickelnden „Wohnstätten": den präonischen und äonischen Mikro-Universa (Imaginäres) und dem immensen kosmologischen Universum (Realität). Diese zwei in ihren Dimensionen sehr verschiedenen Behausungen weisen dennoch viele Ähnlichkeiten auf, was ja auch nicht weiter verwunderlich ist, da ihnen seit Anbeginn der Welt *dieselben* physikalischen Gesetze zugrunde liegen. Sie haben vor allem eines gemeinsam: beide sind geschlossene, lichterfüllte Räume, deren Radius in periodischer Schwingung ist. Sehen wir uns diese Behausungen des Geistes etwas näher an. Wenn wir über uns selbst nachdenken sollen, müssen wir dann nicht zuerst einmal wissen, wo wir wohnen?

Die präonischen und äonischen Mikro-Universa

Wie erinnerlich unterscheiden sich die Präonen von den Äonen dadurch, dass die elektrische Ladung der Präonen gleich null ist, während die Äonen eine positive oder negative Ladung (Elementarladung e) aufweisen. Die Eigenmassen der Äonen bilden ein *diskontinuierliches* Spektrum, das verschiedenen Quantelungszuständen entspricht. Die Eigenmassen der Präonen bilden dagegen ein *kontinuierliches* Spektrum. Außerdem gliedern sich die Präonen je nach ihrer Spinquantenzahl in zwei Gruppen: halbzahliger Spin (Neutrinos) oder ganzzahliger Spin (Photonen).

Die Neutrinos sind also Präonen der Wirkungsstufe 1 (aufgeteilt in Spin und Impulse). Sie entstehen oder verschwinden je nachdem, wie die Erhaltung der Wirkung oder der Impuls-Energie es fordert. Sie sind Bestandteile der Struktur des Äons und die Quelle der Psi-Welle, die von jedem Psychomaterieteilchen ausgeht. Sie besitzen nur die 16 Komponenten, die die Psi-Welle charakterisieren. Die Initialbedingungen dieser 16 Komponenten informieren das Teilchen, von dem die Psi-Welle ausgeht, über die

„Geometrie“ der umgebenden realen Raum-Zeit. Das Neutrino verfügt also noch über kein „Gedächtnis“ im eigentlichen Sinn, es kumuliert nicht Informationen aus dem umgebenden Raum, sondern ersetzt die vorhandenen durch die gegenwärtigen. Es hat demnach auch keine eigene Freiheit, sondern versieht „Aufklärerdienste“ und sammelt Informationen über die Außenwelt, die von den Teilchengedächtnissen dann verwertet werden.

Neutrino (Psi-Welle) = Informant

Die Photonen sind Präonen der Wirkungsstufe 2 (aufgeteilt in Spin und Impulse). Sie werden durch die „Fusion“ (im Sinne Louis de Broglies) von zwei Neutrinos gebildet, die ihre jeweiligen Dreh- und Schwingbewegungen vereinigen. Der wellenförmige Aspekt der Photonen ist vollständig darstellbar durch ein Feld mit $16^2 = 256$ Komponenten. Diese Komponenten enthalten auch die 16 Komponenten, die das einzelne Neutrino charakterisieren. Das Photon besitzt also ein eigenes Gedächtnis und ist frei. Wenn sie in ein äonisches Mikro-Universum eingehen, können die Photonen einen 1 übersteigenden Gesamtspin annehmen und so die Grundstruktur des deutungsfähigen äonischen Gedächtnisses (Sigma-Feld) schaffen. Außerhalb des äonischen Mikro-Universums kann das Photon sein eigenes Gedächtnis zum *Transport von Informationen* von einem Psychomaterieteilchen zum anderen benutzen:

Photon (Sigma-Feld) = Bote

Die Äonen, jene punktförmigen Strukturen, die sich im realen Raum als geladene Leptonen und Quarks manifestieren, interessieren uns ganz besonders. Sie sind nämlich jene Teilchen, die Milliarden von Symbolen unauslöschlich kumulieren können. Am interessantesten sind in diesem Zusammenhang jene Äonen, die zu Bestandteilen *stabiler* Strukturen werden, namentlich der Nukleonen (Protonen und Neutronen), die die Atomkerne bilden, und der Elektronen, die um diese Kerne kreisen. Das Lebensalter solch stabiler Äonen wird nach Jahrmilliarden gemessen, ihre Lebensdauer übersteigt damit tatsächlich die des Universums selbst (oder, genauer gesagt, die einer „Schwingung“ dieses Universums, doch darauf kommen wir später noch zu sprechen). Die Äonen entstehen paarweise (ein Äon und ein Antiäon) aus dem Licht, wenn zwei Photonen (Photon und Antiphoton), die über die nötige Energie verfügen, zusammenstoßen. Auch die umgekehrte Reaktion ist theoretisch möglich: ein Äon und ein Antiäon können bei ihrem Zusammentreffen verschwinden und durch ein Paar Photon/Antiphoton ersetzt werden. Allerdings schränkt die Komplexe Relativitätstheorie diese „Vernichtungsreaktion" ein: die Äonen stellen eine Raum-Zeit dar, die eine „negentropische" Entwicklung durchläuft, d.h. in der die gespeicherten Informationen *nicht verlorengehen können*. Das bedeutet wiederum, dass ein Äon, in dessen Gedächtnis *mehr* als die maximal 256 Symbole gespeichert sind, die das Gedächtnis eines einzelnen Photons aufnehmen kann, nicht mehr der Vernichtung anheimfallen kann, durch die es sein Gedächtnis verlöre und in Licht verwandelt würde. Nur Äonen mit wenig Gedächtnis (niedrigem Bewusstseinsgrad) können verschwinden. Im Universum des Wortes bleiben die Formen/Symbole erhalten.

Wir können also feststellen, dass die Äonen, die unter ihrem kosmologischen Aspekt (d.h. so, wie sie von der Physik im realen Raum dargestellt werden) Elektronen und Quarks genannt werden, die eigentlichen Bestandteile des Wortes sind: sie verfügen über eine Einrichtung zur Aufnahme von Informationen (Neutrino mit Psi-Welle), über ein unzerstörbares Gedächtnis mit faktisch unerschöpflicher Kapazität (Sigma-Feld) und über ein „Bewusstsein" (Geist), das sie frei macht. Dazu kommt, dass (zumindest die bewussteren) Äonen praktisch „ewig" leben. Aus all dem lässt sich schließen, dass wir es bei diesen Trägern des Wortes mit wahren Persönlichkeiten zu tun haben:

Äon (Psi-Sigma-Feld) = Persönlichkeit

Das heißt nun natürlich nicht, dass komplexe Wesen wie wir (oder jeder andere Organismus im Tier- oder Pflanzenreich), die aus einer riesigen Menge von Äonen bestehen, diese Bezeichnung deshalb nicht mehr in Anspruch nehmen dürfen. Die einzelnen Äonen und unser Ich *haben ein und denselben* Geist. Doch haben wir auch dasselbe „Ich"? Wenn ich sterbe, lebt mein Geist weiter, denn er ist ja auch der transzendente Geist des Seienden. Was geschieht jedoch mit meinem „Ich"? Mit dieser Frage werden wir uns noch beschäftigen müssen, nachdem wir den Begriff des „Ich" genauer definiert haben.

Die Komplexe Relativitätstheorie gibt uns einige „technische" Details über die rein „physikalische" Entwicklung des äonischen Mikro-Universums. Es handelt sich um einen winzigen, sehr rasch pulsierenden sphärischen Raum, der erfüllt ist von „thermischem" Licht (Schwarzlicht), dessen Temperatur einige Milliarden Grad beträgt. In diesem sphärischen Raum bewegen sich ein oder mehrere Neutrinos (sie treten immer in ungerader Zahl auf, sodass sie dem betreffenden Äon insgesamt einen halbzahligen Spin verleihen). Das Schwarzlicht ist Träger des deutungsfähigen, persönlichen äonischen Gedächtnisses, dessen Inhalte sich kontinuierlich vermehren (kontinuierlich steigendes Bewusstsein). Die Neutrinos ihrerseits vermitteln dem Gedächtnis des Äons immer neue Informationen über seine Außenwelt (den kollektiven Raum der kosmologischen Realität).

Das kosmologische Universum der Realität

Seit Einsteins Allgemeiner Relativitätstheorie (1915) verfügen wir über die Gleichungen, mit denen sich das kosmologische Universum *in seiner Gesamtheit* darstellen lässt, was man in der Physik als „kosmologisches Modell" bezeichnet.

Die Komplexe Relativitätstheorie, die Einsteins Allgemeine Relativitätstheorie weiterführt, verfügt daher ebenfalls über einen Formalismus, mit dem sich die kosmologische Realität darstellen lässt. Doch steht ihr dazu ein *kompletterer* Satz physikalischer Gesetze zur Verfügung als der Allgemeinen Relativitätstheorie. Die Komplexe Relativitätstheorie kam nämlich zu dem Schluss, dass die kosmologische Realität *nur einen Teil* des Gesamtuniversums darstellt, den sie durch das Imaginäre und die Mikro-Universa in jenem an die kollektive Raum-Zeit der Realität „angrenzenden" Raum ergänzt hat. Dieser neue Gedanke vervollständigt das Modell der Allgemeinen Relativitätstheorie in ähnlicher Weise, wie zu Beginn unseres Jahrhunderts die Wellenmechanik die Darstellung der Materie durch die „klassische" (d.h. nicht probabilistische) Physik vervollständigt hat.

Wie wir gesehen haben, kommt diese Vervollständigung der bisherigen Theorien durch die Tatsache zum Ausdruck, dass die Komplexe Relativitätstheorie die Berechnung aller in den physikalischen Gesetzen enthaltenen numerischen Parameter ermöglicht.

Der größte Nachteil der Allgemeinen Relativitätstheorie bestand darin, dass sie mehrere kosmologische Modelle *zur Wahl* stellte, die sich aus Einsteins Gleichungen alle ableiten ließen. Welches davon aber sollte das „wahre" sein? (Denn nur *ein einziges* Modell kann ja der Realität tatsächlich entsprechen). Diese „Modellinflation" rührte daher, dass man, um über die Richtigkeit eines Modells zu entscheiden, auf *experimentelle*

Messungen angewiesen war. Es ging um Werte wie die mittlere Materiedichte im kosmischen Raum, den gemessenen Wert jenes Koeffizienten, der die Entfernung einer Galaxie proportional zu deren Entfernungsgeschwindigkeit ausdrückt, oder die aktuelle Temperatur des den gesamten Raum erfüllenden Schwarzlichts (denn wie das äonische Mikro-Universum ist auch der kosmologische Raum von Schwarzlicht erfüllt). Natürlich weiß man heute mehr über diese Werte, denn dank der immer perfekteren Technik, die den Astrophysikern zur Verfügung steht, werden auch die Messungen immer genauer. So weiß man heute zum Beispiel, dass die derzeitige Temperatur des kosmischen Schwarzlichts auf 5 % genau 2.7 Grad Kelvin beträgt. Doch viele andere experimentelle Daten sind immer noch viel zu ungenau, als dass man eine definitive Wahl unter den fünf oder sechs kosmologischen Modellen treffen könnte, die aus der Allgemeinen Relativitätstheorie ableitbar sind. Ja, allein aufgrund der Allgemeinen Relativitätstheorie lässt sich nicht einmal mit Bestimmtheit sagen, ob der derzeit expandierende Radius des Universums in alle Ewigkeit weiter expandieren oder sich irgendwann wieder zusammenziehen wird, und ob er im letzteren Fall zu seinen „Ausgangsbedingungen" (Zustand des „Big Bang") zurückkehren wird.

Noch problematischer ist die Tatsache, dass die von der Allgemeinen Relativitätstheorie angebotenen Modelle offensichtlich unannehmbar sind, was die *ersten Augenblicke* der Entstehungsgeschichte des Universums anbelangt. Alle diese Modelle implizieren nämlich einen sogenannten „singulären Zustand" am Anfang der Zeiten. Gemäß den Gleichungen der Allgemeinen Relativität wäre das Volumen des Universums zu diesem Zeitpunkt gleich *null* ... was wiederum bedingen würde, dass die meisten physikalischen Eigenschaften des Universums, wie etwa die Materiedichte oder die Schwarzlichttemperatur, zu diesem Zeitpunkt *unendlich* gewesen sein müssten. Einer unendlichen Dichte oder Temperatur lässt sich jedoch keinerlei wahre *physikalische* Bedeutung zuschreiben. Das Vorhandensein einer solchen Singularität in der Stunde Null des Universums drückt lediglich die Tatsache aus, dass für diesen so eminent wichtigen Zeitpunkt die Gleichungen der Allgemeinen Relativitätstheorie keine Gültigkeit mehr haben oder zumindest einer genaueren Formulierung, beziehungsweise einer Ergänzung bedürfen. Es mutet daher für einen vernünftig denkenden Menschen fast lächerlich oder zumindest verblüffend an, dass viele unserer zeitgenössischen Astrophysiker nicht erkennen wollen, dass mit den Einsteinsehen Gleichungen die Entstehung des Universums nicht erklärt werden kann, und sie, anstatt nach Verbesserungen dieser Gleichungen zu suchen, angestrengt über die Folgen nachdenken, die für das Universum daraus entstehen, dass der kosmologische Raum zum (oder vielmehr doch erst kurz nach dem) Zeitpunkt Null durch quasi unendliche Dichte- und Temperaturzustände hindurchgegangen sein soll.

Die Komplexe Relativitätstheorie hat die geschilderten Schwierigkeiten beseitigt. Man ist zur Erstellung eines kosmologischen Modells hier nicht mehr auf experimentelle Messungen angewiesen, sondern verfügt über ein komplettes System von Gleichungen, mit deren Hilfe sich *alle* dem Determinismus der physikalischen Gesetze unterliegenden Aspekte des Universums darstellen lassen, von den äonischen Mikro-Universa bis hin zum Modell der kosmologischen Realität. Es ist das aus dem Formalismus der Komplexen Relativitätstheorie ableitbare System A - H - K, dessen einzige Lösung uns die Darstellung des kosmologischen Universums und seiner Evolution ermöglicht, vom ersten Augenblick seiner Entstehung bis zu seinem Ende (falls es ein solches gibt).

Zum ersten Mal haben wir es hier mit einem kosmologischen Modell *ohne singulären Anfangszustand* zu tun. Im Rahmen der Komplexen Relativitätstheorie ist keine Rede mehr davon, dass das Universum am „Anfang" der Welt ein Volumen gleich null hatte. Zwar ist der Radius des Raumes zu diesem Zeitpunkt viel kleiner als heute (etwa 100-mal kleiner), doch bewegt man sich damit immer noch innerhalb „annehmbarer" physikalischer Größenordnungen. Die Schwarzlichttemperatur liegt in diesem Augenblick des Beginns bei 400 Grad Kelvin. Die Materiedichte ist gleich Null, es gibt noch keine Atomkerne, doch es kann bereits Äon/Antiäon-Paare geben, da ein solches Paar aus zwei Teilchen von gleicher Energie und entgegengesetzten Vorzeichen besteht, sodass die Summe ihrer Energien algebraisch gleich Null ist.

Die Gleichungen der Komplexen Relativitätstheorie zeigen auf, dass unsere kosmologische Realität, ebenso wie das äonische Mikro-Universum, pulsiert (der Radius des Universums schwankt periodisch zwischen einem Minimum und einem Maximum), wobei eine kosmische „Periode" etwas mehr als hundert Milliarden Jahre beträgt. Derzeit wäre unser Universum demnach etwa 16.2 Milliarden Jahre alt.

DIE ERSCHAFFUNG DES UNIVERSUMS

Die Frage nach der Entstehung des Universums hat seit jeher die Philosophen in gleichem Maße beschäftigt wie die Wissenschaftler: „Warum" und

„wie“ ist das Universum aus dem Nichts hervorgegangen? Muss die zeitgenössische Wissenschaft immer noch einen allmächtigen, außenstehenden Schöpfer annehmen, der so allmächtig ist, aus nichts etwas zu machen?

Auch die Komplexe Relativitätstheorie hat sich natürlich mit dieser grundlegenden Frage beschäftigt und sie in zwei Etappen beantwortet.

Ein Universum, in dem Energie und Wirkung gleich Null sind

Hinsichtlich der Darstellung des Universums scheint sich dem rationalen Geist vor allem ein Gedanke anzubieten: nach unserem heutigen Wissensstand treten die physikalischen Größen als *symmetrische Paare* auf. Es müsste sich daher eine Darstellung finden lassen, in der zu jedem Zeitpunkt Plus und Minus einander „ausgleichen“, sodass ihre Summe insgesamt Null ergibt. Das bedeutet nicht, dass wir von vornherein das Eingreifen eines transzendenten Schöpfers, der alles „aus dem Hut“ zu zaubern vermag, leugnen wollen. Doch selbst wenn wir einen solchen Schöpfer annehmen wollen, können wir die Tatsache nicht abstreiten, dass dieser Schöpfer in seiner Weisheit die physikalischen Größen paarweise geschaffen hat, sodass jeweils einem positiven Element ein negatives Element gegenübersteht. Dieser Gedanke ist im Übrigen nicht neu, wir finden ihn bei Laotse (Yin und Yang), bei Anaximander und seiner Theorie der Gegenteile oder bei Empedokles, der Hass und Liebe einander gegenüberstellte, und bis heute in der orientalischen Philosophie, die davon ausgeht, dass ein Ding zugleich es selbst und sein Gegenteil ist.

Die Komplexe Relativitätstheorie hat versucht, einem allfälligen transzendenten Schöpfer seine Aufgabe nicht mutwillig zu erschweren, indem sie ein Modell des Universums vorschlägt, das keine *getrennte Erschaffung* jener zwei Größen postulieren muss, die in jeder modernen wissenschaftlichen Darstellung eine grundlegende Rolle spielen: die Energie und die Wirkung. Das aus der Komplexen Relativitätstheorie abgeleitete Modell basiert auf den folgenden beiden Prinzipien:

- Zu jedem Zeitpunkt, von seiner Erschaffung bis zu seinem Ende, ist die Gesamtenergie des kosmologischen Universums gleich Null. Wir brauchen uns daher nicht mehr den Kopf darüber zu zerbrechen, „woher“ der Schöpfer die Energie, die wir in unserem Universum beobachten, genommen haben mag. Da sie *zu jedem Zeitpunkt* gleich null ist, brauchte der Schöpfer die Energie nur in positive und negative Energie zu „scheiden“ ... etwa so wie es im

Schöpfungsbericht der Genesis heißt, dass Gott das Licht von der Finsternis schied.

- Da das Universum zyklisch ist, lässt sich auch jene Größe definieren, welche die Physiker „Wirkung“ nennen: man kann, genauer gesagt, von sogenannten gequantelten Dreh (Spin) und Pulsationsbewegungen (Impuls) des Universums in seiner Gesamtheit sprechen. Auch hier geht die Komplexe Relativitätstheorie in ihrem kosmologischen Modell von dem Prinzip aus, dass Spin und Impuls des Universums, auf eine volle Pulsationsperiode des Universums berechnet (d.h. einen vollständigen Zyklus zwischen zwei aufeinanderfolgenden „Big Bangs“), *gleich Null* sind. Dieses Modell braucht also nicht zu postulieren, dass der Schöpfer am Beginn der Zeiten dem Universum „etwas“ gegeben hat, mithilfe dessen es bis ans Ende der Zeiten pulsieren und sich drehen kann: Diese beiden physikalischen Grundgrößen, die in der zeitgenössischen Physik eine so große Rolle spielen, sind für das Universum in seiner raumzeitlichen Gesamtheit absolut gleich Null.

Das Sein und das Nichts

Alles schön und gut wird man uns entgegnen. Ihr habt dem Schöpfer seine Arbeit erleichtert, denn er brauchte nicht Energie und Wirkung aus nichts zu erzeugen, doch nichtsdestoweniger bedurfte es eines „Schöpfungsaktes“: Jemand musste das Nichts „scheiden“, und es dadurch in positive und negative Energie, beziehungsweise in positive und negative Wirkung umwandeln. Wer hat diesen „dialektischen“ Akt vollbracht, durch den das Nichts in zwei komplementäre Teile mit entgegengesetzten Vorzeichen geteilt wurde?

Gute Frage. Doch auch aus diesem Dilemma scheint es nur einen einzigen „rationalen“ Ausweg zu geben, der die Situation so wenig wie möglich „kompliziert“: zur Erschaffung unseres Universums der Gegensätze bedurfte es gar keines dialektischen Aktes ..., denn das Nichts und das Wort *koexistieren*, seit Anbeginn der Welt, wie auch heute und morgen.

Betrachtet man nämlich die der Darstellung des Universums zugrunde liegenden Gleichungen der Komplexen Relativitätstheorie (System A-H-K) etwas genauer, so stellt man fest, dass sie eigentlich *zwei* Lösungen (und nicht nur eine) haben. Die Zweite ist jene, bei der *alle numerischen Parameter gleich null* sind. In diesem Fall ist das Universum des Wortes absolut leer, auch Zeit und Raum existieren nicht. Es ist ein Universum, das nur aus der unendlichen Fülle der „Möglichkeiten“ (dem Seienden also) und dem Geist (der leeren Menge Ø) besteht. Dieses Universum aus Sein und Geist trägt gleichsam nur die Möglichkeit zu werden in sich, ohne dass sich diese im Wort „aktualisiert“, verwirklicht hat. Es ist das Universum *des Transzendenten*, „der Geist, der über den Wassern schwebt“, wie es in der Genesis heißt.

Doch könnte ohne dieses transzendente Universum das aktualisierte Universum des Wortes überhaupt existieren? Wir befinden uns wieder einmal vor dem Grund-Paradoxon, das in allen Dingen liegt: das Wort ist *zugleich* das, was es in seiner aktualisierten Form ist, und dessen Komplement, das Nicht-Aktualisierte, das Transzendente, das sich in Zeit und Raum noch nicht manifestiert hat. Das Wort ist Existenz und Essenz zugleich. Es ist immer nur der gegenwärtige Augenblick, die Schnittfläche zwischen aktualisierter Vergangenheit und werdender Zukunft, der durchscheinende Schleier zwischen dem Sein und dem Nichts. Und in diesem Sinne darf ich die Frage nach dem Anfang und dem Ende des Universums gar nicht stellen. Das Universum ist der *jetzige Augenblick*, es war gestern und es wird morgen sein, was der Augenblick aus ihm zu machen und was ich davon zu erkennen vermag. Das Seiende ist auch Nichts. Wenn der Geist die Archetypen des Seienden bestimmt, um sie in Formen/Symbole des Wortes zu verwandeln, holt er aus einem Sein-Nichts hervor, was den gegenwärtigen Augenblick ausmachen wird. Das Seiende ist insofern Sein, als es alle Möglichkeiten enthält. Und es ist insofern Nichtsein (also das Nichts), als es nur Möglichkeit ist, zu werden.

Wir hatten die Frage aufgeworfen, wie der Schöpfer jenen „dialektischen“ Akt vollzogen habe, der aus dem Nichts das hervorbringt, was ist? Ganz einfach, denn nichts anderes vollbringt jeder Einzelne von uns jeden Moment, indem er den gegenwärtigen Augenblick „lebt“.

Diesen Augenblick „erzeugt“ mein Geist aus dem Sein-Nichts. Denn, noch einmal, das Sein ist das Nichts.

„Der Weise“, so lehren uns die Upanishaden, „wird niemals geboren und stirbt niemals“. Der Weise LEBT: und „leben“ bedeutet, sich des gegenwärtigen Augenblicks bewusst zu sein.

6.
Vom Licht zur Zelle

Wohin treibt dieses Schiff? Lichtumflossen
treibt es einem göttlich reinen Morgen zu …
Seht ihr, es steigt zu den Sternen empor!

VICTOR HUGO

Vor etwas über 16 Milliarden Jahren haben sich also in der Zeit die Gegebenheiten für das Entstehen des Wortes aktualisiert, ist dessen „Wohnstatt“ entstanden. Das Abenteuer des Bewusstseins konnte beginnen, jenes „persönlichen“ Bewusstseins, das in den äonischen Mikro-Universa des Imaginären wohnt und im Rahmen einer „kollektiven“ kosmischen Realität einen Dialog mit allen anderen Bewusstseinsträgern führt. Augenblicklich ist diese kosmische Realität ein in Ausdehnung begriffenes Universum, dessen Radius weiter wachsen wird, bis es, dem aus der Komplexen Relativitätstheorie abgeleiteten kosmologischen Modell zufolge, etwas mehr als 52 Milliarden Jahre „alt“ ist. Dann wird sein Radius zu „schrumpfen“ beginnen, das Universum wird wieder alle physikalischen Stadien durchlaufen, die es im Verlauf seiner Ausdehnungsphase durchschritten hat. Schließlich wird es, nach einem „Zyklus“ von etwa 104 Milliarden Jahren, in den Zustand seiner maximalen Kompression zurückkehren.

Und was wird das Universum nach Abschluss dieser lange dauernden Wanderung tun, während der das „negentropische“ Bewusstsein immer mehr gewachsen sein wird? Wird dann mit einem Schlag alles zu Ende sein, wird das Universum ins Nichts zurückfallen? Wozu dieses stetige Ansteigen des Bewusstseins, wenn es nur wieder im Nichts endet? Wir möchten unser kosmologisches Modell gern ein wenig genauer befragen und zu ergründen suchen, was nach Ablauf eines kompletten Zyklus des Universums geschieht. Dies würde uns vor allem auch Aufschlüsse über den Zustand des Universums an seinem Anfang geben, denn Alpha und Omega gleichen einander, wie uns nicht nur die Überlieferung, sondern auch das zeitgenössische kosmologische Modell lehren.

DAS KONTINUIERLICHE ANSTEIGEN DES BEWUSSTSEINS

Homogenität und Isotropie

Ohne hier näher auf die mathematischen Details des so wichtigen und schwierigen Begriffs der *Entropie* (eines auf ein gegebenes Volumen V bezogenen physikalischen Zustandes) eingehen zu müssen, können wir sagen, dass die Entropie das Homogenitäts- und Isotropieniveau des physikalischen Zustandes eines Raumes vom Volumen V misst.

Hinsichtlich einer bestimmten physikalischen Größe befindet sich das Volumen V in einem *homogenen* Zustand, wenn sich ein beliebiger Punkt von V bezüglich dieser physikalischen Eigenschaft in nichts von allen anderen Punkten von V unterscheidet: So kann man etwa sagen, dass ein Wasservolumen V bezogen auf seine Dichte homogen ist, wenn alle Punkte von V dieselbe Dichte haben. In gleicher Weise spricht man von einem bezüglich seiner Temperatur oder Farbe homogenen Volumen V ...

Isotrop ist das Volumen V dann, wenn keine Richtung des Raumes in seinem Inneren gegenüber einer anderen bevorzugt ist. Wenn zum Beispiel ein Magnetfeld das Volumen V durchquert, so ist V nicht mehr isotrop, da dieses Magnetfeld Kraftlinien in seinem Inneren „zeichnet", sodass bestimmte Richtungen gegenüber anderen bevorzugt werden. Es ist dabei durchaus einsichtig, dass ein Volumen V homogen sein kann (es hat beispielsweise überall die gleiche Dichte) und dennoch nicht isotrop sein muss (wenn zum Beispiel ein Magnetfeld den von V eingenommenen Raum quert).

Jedes kosmologische Modell, das unser Universum in seiner Gesamtheit darstellen will, geht von der Hypothese der *mittleren* Homogenität und Isotropie dieses Universums aus. Man nennt dies das „kosmologische Prinzip", auf dem jedes „Modell" unseres Universums beruht. Dabei muss jedoch klar sein, dass es sich bei diesem Prinzip nur um eine *vereinfachende* Hypothese handelt: da wir unmöglich alle Zustände unserer immensen kosmischen Realität kennen können, nehmen wir an, dass wir von einem „durchschnittlichen", mittleren Zustand sprechen dürfen; weiterhin nehmen wir an, dass in jedem Augenblick der zeitlichen Dauer des Universums der Raum überall „homogen und isotrop" ist, und zwar bezüglich der *Gesamtheit* aller das Universum charakterisierenden physikalischen Größen. Wenn diese Annahme jedoch absolut gültig wäre, könnte man aus den physikalischen Zuständen des Raumes *keinerlei Energie* gewinnen, denn dazu bedarf es bekanntlich eines Gefälles zwischen zwei *verschiedenen* Zuständen (Carnotsches Prinzip). Die Hypothese von der Homogenität und Isotropie des Universums ist also nur auf einen „Mittelwert" bezogen annehmbar ... da, wie wir wissen, an bestimmten Punkten des Universums, namentlich auf unserer kleinen Erde, Energie vorhanden ist. Und wir haben allen Grund zur Annahme, dass dies *überall* im Universum der Fall ist. Schauen wir doch nachts zu den Sternen: jeder Stern ist ein Ort, an dem Materiedichte und Temperatur wesentlich höher sind als in dem umgebenden Raum: keine Rede also von Homogenität und Isotropie. Und die Wärme, die wir von der Sonne empfangen, bestätigt uns, dass die Erde in der Lage ist, Energie aufzunehmen, glücklicherweise!

So ist das mit jedem kosmologischen Modell: wir wissen zu wenige Details und müssen daher von der vereinfachenden Hypothese ausgehen, dass der gesamte Raum unseres Universums homogen und isotrop ist, was streng genommen bedeuten würde, dass nirgendwo Energie vorhanden ist. So ist es mit der Erkenntnis, die oft von falschen Annahmen ausgeht, um zu richtigen Schlüssen zu gelangen!

Das Bewusstsein im Universum

Wie jede auf ein „kosmologisches Modell" des gesamten Universums abzielende Theorie stützt sich auch die Komplexe Relativitätstheorie auf die oben beschriebene Hypothese. Aber darüber hinaus unterstreicht sie einen besonderen Aspekt: In der „Stunde Null", das heißt in dem Augenblick, in dem sein Expansionszyklus beginnt, ist das Universum „materielos", seine Materiedichte ist gleich Null. Erst dann, mit Beginn der Ausdehnung, entstehen Materieteilchen in Form von Protonen und Elektronen (also die Bestandteile des Wasserstoffatoms).

Verweilen wir noch ein wenig bei dieser Stunde Null des Universums, in der der Expansions/Kompressionszyklus des Raumes beginnt: der Raum ist zu diesem Zeitpunkt nur von thermischer Schwarzstrahlung und Neutrinos erfüllt, da die gesamte Materie verschwunden ist. In diesem Augenblick lässt sich wirklich sagen, dass das Universum homogen und isotrop ist, sich also in jenem Zustand befindet, den die Physiker als unendliche Entropie bezeichnen: das bedeutet, dass sich von diesem Zeitpunkt an der Raum *nicht mehr differenzieren* kann, dass er homogen und isotrop *bleiben* muss ... und dass also in der Folge auch kein Weltraum entstehen könnte, wie wir ihn kennen, denn der ist sehr wohl „differenziert", wie wir allein schon an den Sternen feststellen können.

In dieser Hinsicht sind *alle* aus der Einsteinschen Relativitätstheorie abgeleiteten kosmologischen Modelle ein wenig „unglücklich": es wird immer von einem auf kleinstes Volumen reduzierten Zustand des Universums ausgegangen („Big Bang“), also einem sehr heißen und sehr dichten Universum, von dem man wohl oder übel zugeben muss, dass es anfangs *absolut und in allen Punkten* homogen und isotrop ist. Sie „fangen also alle schlecht an“, diese kosmologischen Modelle, denn sie lassen die Bildung eines „differenzierten“ Universums, wie wir es selbstverständlich und Tag für Tag um uns beobachten können, gar nicht zu, sondern müssten eigentlich zu einem überall homogenen und isotropen Universum von unendlicher Entropie führen, in dem *keinerlei* Evolution möglich wäre.

Hier bietet nun das aus der Komplexen Relativitätstheorie abgeleitete kosmologische Modell einen großen Vorteil. Wie wir bereits sagten, postuliert dieses Modell nämlich keinen „singulären“ Anfangszustand: auch im Zustand der größten „Kompression“ reduziert sich das Volumen des Universums keineswegs auf quasi Null, sind seine Dichte und seine Temperatur keineswegs *unendlich*; der Komplexen Relativitätstheorie zufolge ist der Radius des „ursprünglichen“ Raumes nur einige hundertmal kleiner als der heutige, die Temperatur beträgt nur ca. 400° Kelvin und die Materiedichte ist gleich null. Im Vergleich dazu nehmen die von einem „singulären“ Zustand ausgehenden Modelle Temperaturen von Hunderten Milliarden Grad an sowie eine Dichte, die die heute bekannten größten Dichten (die der in den Atomkernen enthaltenen Teilchen) millionenfach übersteigt.

Die Komplexe Relativitätstheorie kann folglich die Hypothese aufstellen, dass auch am Beginn der Zeiten der Raum nicht absolut, sondern nur im Durchschnitt homogen und isotrop war und sich daher in der Folge sehr wohl zu differenzieren vermochte, während die hohen Temperatur- und Dichtewerte der anderen Modelle von einem absolut homogenen und isotropen und daher nicht differenzierbaren Raumzustand ausgehen müssen.

Nach dem Modell der Komplexen Relativitätstheorie existieren zu Beginn eines Expansionszyklus' außer Licht und Neutrinos auch *Positronen- und Elektronenpaare* (d.h. noch Äon/Antiäon-Paare). Es sind Teilchen von gleicher Masse und Ladung, aber *entgegengesetzten Vorzeichen*, ihre Existenz ist daher durchaus vereinbar mit den Voraussetzungen eines kosmologischen Modells, das für diesen Anfangszustand eine Materiedichte annimmt, die *im Mittel* (nicht aber „absolut“) gleich Null ist.

Dazu muss man sagen, dass diese Paare, die die Physiker „Positronium“ nennen, in der Regel *instabil* sind: es kann nämlich vorkommen, dass die beiden Teilchen des Paares, die aufgrund der elektrostatischen Wechselwirkung umeinander kreisen, aufeinander „zufallen“ (zum Beispiel im Zuge des Zusammenstoßes mit einem anderen Paar); dann verschwinden sie, indem sie sich in Photonen verwandeln.

Einen Fall jedoch gibt es, in dem die beiden Elemente Positron/Elektron des Positroniumpaares sich nicht in Licht verwandeln können, wir haben ihn im vorigen Kapitel bereits erwähnt: wenn das Sigma-Feld dieser Teilchen so viele Informationen gespeichert hat, dass sein Gesamtspin größer ist als 1. Da außerhalb des imaginären Mikro-Universums der Gesamtspin der Photonen niemals 1 übersteigen kann, können sich solche Teilchen nicht in Photonen verwandeln. Das aber heißt, dass die „informiertesten", also die „bewusstesten" Elektronen/Positronenpaare *nicht mehr in Licht zurückverwandelt werden können*. Dieser Umstand wird besonders bedeutsam am Ende eines kompletten Expansions/Kompressions-Zyklus', denn wenn es Elektronen-Positronenpaare gibt, die aufgrund ihrer hohen Bewusstseinsstufe nicht mehr verschwinden können, so kann auch das kosmologische Universum als solches nicht mehr verschwinden und wieder zu Licht und Nichts werden ... Es wird vielmehr ein *neuer* Pulsationszyklus von 104 Milliarden Jahren beginnen. Man kann anhand des von der Komplexen Relativitätstheorie erstellten kosmologischen Modells verifizieren, dass seine Gleichungen tatsächlich einen solchen Wiederbeginn des Expansions-Kompressionszyklus' der kosmologischen Realität zulassen.

Doch *schon am Beginn* eines neuen Zyklus befinden sich die Äonen auf jener Bewusstseinsstufe, die sie im Verlauf der 104 Milliarden Jahre des vorhergegangenen Zyklus erreicht haben. Die Geschichte der Bewusstseinsbildung wird hier also am Ende eines Zyklus nicht unterbrochen, sondern im nächsten Zyklus fortgeführt, und dann in einem dritten und vierten, bis in alle Ewigkeit. Das Abenteuer des Bewusstseins wird zu einem *ewig währenden*, und das Bewusstsein erweitert sich dabei ins Unendliche. Das Wort entspringt also aus dem Seienden und wächst im Zuge seiner Evolution mehr und mehr dem Seienden entgegen.

Wieder einmal können wir feststellen, wie sehr die „physikalischen" Mechanismen im Kleinsten und im Größten einander ähneln. Die äonischen Mikro-Universa befinden sich in ständiger Pulsation, das „persönliche" Gedächtnis jedes Teilchens erweitert von einem äonischen Zyklus zum nächsten beständig seine Inhalte (zunehmende Negentropie). Das Gleiche gilt, wie wir eben gehört haben, für das kosmologische Universum; die *Gesamtheit* aller äonischen Bewusstseinsinhalte wächst während jedes Zyklus, und ihre Entwicklung setzt sich im nächsten Zyklus fort, da die *bewusstesten* Elemente des Universums erhalten bleiben. So ist die Geschichte des Bewusstseins, die Geschichte des Wortes also, die Geschichte einer unaufhörlichen Evolution.

Einheit in der Vielfalt

Wir können nach alledem sagen, dass am Ende eines Zyklus' des kosmologischen Universums eine „Selektion" unter den Elementen dieses Universums stattfindet. Es wird „reiner Tisch" gemacht: alle rein „physikalischen" Ansätze des vorhergehenden Zyklus verschwinden, und das (unzerstörbare) Bewusstsein erhält eine neue Chance, das im abgeschlossenen Zyklus gespeicherte „Wissen" zu nutzen und weiter zu vervollständigen.

Damit haben wir bewiesen, dass das Universum am Beginn eines Zyklus *nicht in einem absolut homogenen und isotropen* Zustand sein kann, denn dann müsste es ewig in diesem Zustand verharren, was allen Beobachtungen widerspräche. Die Komplexe Relativitätstheorie dagegen ermöglicht den Entwurf eines kosmologischen Modells, bei dem am Ursprung des Universums bereits Elektronen/Positronenpaare als *Träger von persönlichem Bewusstsein* existieren; das Universum ist zu diesem Zeitpunkt nicht homogen und nicht isotrop, und seine spätere differenzierte Entwicklung daher möglich. Am Ende jedes Zyklus bleiben überdies die Psychomaterieelemente *mit dem höchsten Bewusstseinsgrad* erhalten.

Und so lässt sich eine Evolution des Universums vorhersehen, die trotz globaler (d.h. durchschnittlicher) Homogenität und Isotropie doch zu immer größerer Differenzierung tendiert. Zweifellos ist es das, was auch Teilhard de Chardin meinte, wenn er von einer Entwicklung des Universums „zu immer größerer Einheit durch immer größere Vielfalt" sprach.

DER BEGINN IST EIN WIEDERBEGINN

Nach allem, was wir eben gehört haben, besteht für uns kein Grund zur Annahme, dass der Zyklus des Universums, in dem wir uns *zur Zeit* befinden, der „erste" sein sollte. Als vor 16 Milliarden Jahren der Radius unseres Raumes zu wachsen begann, war das vermutlich ein Wiederbeginn und kein Beginn. Weshalb sollten wir (wieder einmal!) eine „Sonderstellung" für uns in Anspruch nehmen und davon ausgehen, dass wir uns im „ersten" Zyklus befinden, da doch das Universum kontinuierlich pulsiert? Im Übrigen wäre es gerade in diesem Fall kein besonderer Vorteil für uns, die Ersten zu sein, da der Bewusstseinsgrad von Zyklus zu Zyklus *höher* wird.

Gemeinsam wollen wir daher ein wenig über die Entwicklung des Bewusstseins in unserem Universum nachdenken. Es befindet sich auf einem „langen Marsch", und wir nehmen an, dass unser heutiges Bewusstsein bereits mehrere Zyklen von jeweils ca. 104 Milliarden Jahren hinter sich hat.

Der „lange Marsch" des Bewusstseins

Warum sollen wir nicht einfach eine „lineare" Entwicklung des Universums annehmen, die vor 16 Milliarden Jahren mit dem „Big Bang" begonnen hat, werden manche fragen. Warum die Dinge „komplizieren" und annehmen, dass das Universum vor 16 Milliarden Jahren, als es zu expandieren begann, bereits mehrere Zyklen hinter sich hatte? Weil dies zwar vielleicht „einfacher" sein mag, jedoch mit dem, was wir heute über das Universum wissen, nicht in Einklang zu bringen ist. Die Komplexe Relativitätstheorie ist nicht die einzige Theorie, aus der sich ein „zyklisches" kosmologisches Modell ableitet. *Sämtliche* aus der Allgemeinen Relativitätstheorie (der einzigen Theorie, die etwas über das Universum in seiner Gesamtheit aussagt) abgeleiteten kosmologischen Modelle stützen sich auf Gleichungen, die eine Existenz des Universums vor dem „Big Bang" zulassen. Auch die astronomischen Daten, die uns heute zur Verfügung stehen, sprechen für die Tatsache eines zyklischen Universums, d.h. für ein Universum, dessen Raum augenblicklich expandiert und sich dann wieder zusammenziehen und zum Zustand des „Big Bang" zurückkehren wird, um danach in eine weitere Ausdehnungsphase zu treten. Daraus müssen wir schließen, dass die *Wahrscheinlichkeit*, dass wir in einem erst 16 Milliarden Jahre alten Universum leben, *viel geringer* ist als die, dass unser Universum bereits mehrere Zyklen von 104 Milliarden Jahren absolviert hat.

Ja aber, könnte man uns entgegenhalten, wenn das in den Äonen enthaltene Mentale schon mehrere Zyklen des Universums durchlebt hat, dann würde das doch bedeuten, dass das Universum zu Beginn des Zyklus, den wir jetzt durchleben, bereits äonische Psychomaterie (Positronen und Elektronen) auf hoher Bewusstseinsstufe enthielt: warum hat dann dieses hoch entwickelte Bewusstsein in unserem jetzigen Zyklus mehr als 12 Milliarden Jahre gebraucht, um in Erscheinung zu treten? Denn man nimmt heute an, dass in diesem Alter unseres Universums das Leben auf der Erde auftrat, also die ersten photosynthetischen Zellen an der Oberfläche der Ozeane erschienen. Warum also trat das, was wir gewöhnlich als Bausteine des Lebens bezeichnen, namentlich die lebende Zelle, nicht *sofort* nach dem „Big Bang“ auf? Das Bewusstsein hätte doch nur das „Know-how“ anzuwenden brauchen, das es während der *vorangegangenen* Zyklen des Universums erworben hatte!

Nun, es bedarf keines langen Nachdenkens, um darauf mindestens zwei wissenschaftliche Antworten zu finden:

Wir sind noch Blinde bei der Suche nach Leben im Universum

12 Milliarden Jahre hat es gedauert, bis auf unserer Erde organisches Leben entstand – das ist auch nicht weiter verwunderlich, wenn man bedenkt, dass vor etwa 12 Milliarden Jahren ... unsere Erde selbst entstand. Und auch wenn es uns Menschen des 20. Jahrhunderts in unserer sprichwörtlichen „Bescheidenheit“ nicht passt, ist die Erde nun einmal leider der *einzige* Winkel unseres immensen Universums, in dem wir bislang ein wenig eingehendere Beobachtungen über die Entstehung von Leben im Universum haben anstellen können. Mit Sicherheit können wir sagen, dass im Universum, als es erst, sagen wir 5 Milliarden Jahre „jung“ war, *bereits* Sterne und Planeten gab. Das wissen wir, weil Astronomen Galaxien (Anhäufungen mehrerer Milliarden von Sternen) entdeckt haben, die so weit von uns entfernt sind, dass ihr Licht ungefähr 10 Milliarden Jahre braucht, um bis zu uns zu gelangen. Diese Sterne und allfällige Planeten, die sie umkreisen, waren also bereits vorhanden, als das Universum viel jünger war, als es heute ist. Wir würden gern wissen, wie es auf diesen Planeten aussieht, doch leider reichen unsere technischen Mittel für solche „Ausflüge“ bei Weitem nicht aus. Rein gar nichts wissen wir von den Planeten unseres Universums, mit Ausnahme der wenigen, die um unsere Sonne kreisen. Würde man das Universum mit der Größe unserer Erde gleichsetzen, so wäre unser ganzes Sonnensystem mit seinen neun Planeten nur ein mit bloßem Auge völlig unsichtbares Staubkorn mit einem Radius von einem Hundert tausendstel Millimeter. Mehr haben wir vom Universum auf der Suche nach Leben noch nicht erforscht. Und da behaupten manche – und nennen sich noch Wissenschaftler! –, dass das genüge, um sagen zu können, das Bewusstsein habe sich in unserem Universum erst nach 12 Milliarden Jahren geoffenbart! Nach unserem heutigen Wissensstand rechtfertigt nichts, aber schon gar nichts die Behauptung, dass das Leben erst nach der Bildung der Ozeane auf unserer Erde aufgetreten sei. Es ist viel wahrscheinlicher – vor allem in Anbetracht der neuesten Erkenntnisse, zu denen uns die Komplexe Relativitätstheorie verholfen hat –, dass Leben in

vielen Teilen unseres Universums bereits in den ersten Zeiten dieses neuen Zyklus unseres Universums aufgetreten ist.

Leben tritt dann auf, wenn die Psychomaterieteilchen einen „Ort" im Universum finden, an dem Leben möglich ist

Würden Sie etwa den Prototyp eines neuen Flugzeugs am Meeresgrund oder auf dem Mond bauen? Nein, Sie werden dafür natürlich einen Ort wählen, an dem die Bedingungen für die Realisierung Ihres Projektes günstiger sind. Nun, diese Meinung teilen Sie (und das ist ja auch klar!) mit den Psychomaterieteilchen. Wie oben erwähnt, wissen wir noch nichts darüber, wann und wo in unserem Universum die Psychomaterie das erste Leben entstehen ließ. Und noch weniger wissen wir darüber, welche Formen das Leben innerhalb des Universums annehmen kann (sicher können sie sehr verschieden sein von denen auf unserer Erde). Doch eines sagt uns jedenfalls unser Verstand: die Psychomaterie verfügt über ein riesiges Universum und über Milliarden von Jahren, um ihre Pläne durchzuführen, und wird daher sehr sorgfältig die Orte *wählen*, die für den Bau komplexer lebendiger Organismen wie etwa der lebenden Zelle *am besten geeignet sind.* Schon das einzelne Psychomaterieteilchen, ein Elektron oder ein Proton etwa, verfügt, wie wir gesehen haben, über entwicklungsfähige mentale Eigenschaften. Allein durch Wechselwirkung mit anderen Teilchen können diese Einzelteilchen ihr Bewusstsein erweitern, sie brauchen sich dazu also nicht unbedingt zu komplexen Strukturen zu vereinigen. Andererseits wissen wir, dass die Psychomaterie in einem Universum „wohnt", dessen physikalische Eigenschaften in jedem Zyklus wiederkehren, da sie streng determinierten physikalischen Gesetzen unterliegen, die über alle Zyklen hinweg während der gesamten Lebensdauer des Universums unverändert bleiben. Die Temperatur des kosmischen Lichts, die Materiedichte, die Ausdehnungsgeschwindigkeit des Raumes, um nur einige Beispiele zu nennen, sind Größen, die die Psychomaterie nicht direkt beeinflussen kann; doch „weiß" die Psychomaterie, dass diese Werte von Zyklus zu Zyklus unverändert bleiben, unabhängig vom Bewusstseinsgrad der Psychomaterie im jeweiligen Zyklus. Die Psychomaterieteilchen können daher *warten,* bis das Universum an einem bestimmten Ort und zu einem bestimmten Zeitpunkt jene physikalischen Eigenschaften aufweist, die sie benötigen, um das zu tun, was sie entsprechend ihrem Bewusstseinsgrad zu tun in der Lage sind, wie zum Beispiel an einem bestimmten Ort und zu einem bestimmten Zeitpunkt organisches Leben „wuchern" zu lassen.

Und so entstand in jener Gegend des Universums, in der wir heute leben, plötzlich vielfältiges Leben, weil eben unsere Erde in der zwölften Jahrmilliarde jenes Universumszyklus, den wir derzeit durchlaufen, dem Bewusstsein Bedingungen bot, die geeignet waren, lebende Organismen entstehen und sich entwickeln zu lassen, die komplexer waren als das einzelne Psychomaterieteilchen.

Ähnliches muss sich überall in unserem riesigen kosmologischen Universum zutragen: kaum sind die Bedingungen günstig oder zumindest annehmbar, machen die einzelnen Teilchen sich ans Werk, um komplexere, aus vielen Teilchen bestehende Strukturen zu bilden. Ziel solcher Vereinigungen ist es, das Wachstumstempo des Bewusstseins der einzelnen Teilchen zu beschleunigen. Vereint sind wir stark, pflegen die Menschen zu sagen. Nun, das haben sie von den „anderen“ gelernt, von den Teilchen, aus denen sie selbst ja bestehen.

BEWUSSTSEINSSTUFE, SPRACHE UND DIALOG DER TEILCHEN

Im Wesentlichen sind es vier Eigenschaften des Mentalen, die das Leben der Teilchen bestimmen: Wir nannten sie im 2. Kapitel schöpferische Fähigkeit, Speicherungsfähigkeit, Wechselwirkung und Vereinigung. Zwei „Logiken“ liegen diesen Fähigkeiten zugrunde: der Intuition entstammt die schöpferische Fähigkeit, der Ratio die drei anderen Eigenschaften. Die Intuition könnte man auch als Dialog des Mentalen mit dem Seienden bezeichnen. Die Ratio und die ihr entspringenden Fähigkeiten hingegen sind das Ergebnis eines Dialogs zwischen dem Mentalen eines Teilchens und den anderen Psychomaterieteilchen. Auch der Vorgang der Speicherung, den man zunächst für eine Art „Selbstgespräch“ halten könnte, ist in Wahrheit eine Form des Dialogs mit „anderen“. Denn es handelt sich ja um *deutungsfähige* Speicherung, eine Speicherung von Informationen also, die ihre Bedeutung erst in Bezug auf die Erfahrungen der umgebenden Welt erhalten, also ebenfalls auf einem „Dialog“ beruhen. Wohl haben wir im 4. Kapitel vom „Urgefühl“ gesprochen, das keine Bedeutung im eigentlichen Sinn hat. Doch entspringt dieses Gefühl wie erinnerlich einem freien Dialog mit dem Seienden, es ist die Frucht der Intuition und nicht der Ratio, und geht aller Deutung durch das Gedächtnis voraus, da es per definitionem „frei“, also durch keine bestimmte Bedeutung eingeengt ist. Wird dieses Urgefühl gedeutet, so verwandelt es sich in etwas völlig anderes, nämlich in *Wahrnehmung*, die sich eben dadurch unterscheidet, dass sie sich in den gesamten Wahrnehmungsschatz einordnet, der seinerseits wiederum aus den Kontakten, den Dialogen mit den anderen gewonnen wurde.

Das Leben der Teilchen spielt sich also großteils, nämlich so weit es auf der Ratio beruht, in Form von Dialogen mit den anderen ab. Wie gehen solche Dialoge nun vor sich?

Der Dialog setzt gleiche Bewusstseinsebenen voraus

Rufen wir uns kurz in Erinnerung, was wir unter „Bewusstseinsebene“ oder Bewusstseinsstufe verstehen und wie wir sie im 3. Kapitel definiert haben.

Sie wird anhand des Spins (oder der Wirkung) des Teilchengedächtnisses errechnet. Je höher dieser Spin ist, desto mehr Symbole kann das (aus diesen bestehende) Sigma-Gedächtnisfeld enthalten und manipulieren. Daraus ergibt sich, dass die „Bewusstseinsstufe“ eines Teilchens in direktem Zusammenhang mit der Anzahl bedeutungstragender Symbole in seinem Gedächtnis steht. Hierbei haben wir betont, dass sich die Entwicklung in *Sprüngen* vollzieht, mit großen Unterschieden zwischen den einzelnen Bewusstseinsebenen. Jeder solchen Ebene kann man eine Entwicklungsstufe des Lebendigen zuordnen, und so ergibt sich, wie erinnerlich, folgendes Bild:

Wirkung	Anzahl der Symbole	Entwicklungsstufe
1	16	symmetrisch (Neutrino)
2	256	asymmetrisch (Photon, Einzelteilchen)
4	65536	instinktiv (Tier-, Pflanzenreich)
8	4.3 Milliarden	rational (der Mensch)
16	18 Milliarden Milliarden	hyper-rational (über den Menschen hinaus)

Wir erkennen hier natürlich die großen Schwellenüberschreitungen des Lebens auf unserer Erde. Dank der Komplexen Relativitätstheorie wissen wir jedoch, dass diese Entwicklungsstufen auch für das einzelne Psychomaterieteilchen gelten.

Auf die einzelnen Bewusstseinsstufen kommen wir im nächsten Kapitel noch ausführlicher zu sprechen. Vorweg wollen wir lediglich darauf hinweisen, dass die „symmetrische“ Stufe auf ein noch völlig leeres Gedächtnis hindeutet, gekoppelt mit einem Verhalten, das ausschließlich von den *physikalischen Gesetzen* bestimmt ist (sie sind es ja, die dem Verhalten der Teilchen diesen „symmetrischen“ Charakter geben). Von den Photonen (256 Komponenten des Sigma-Feldes) aufwärts stellen wir im Verhalten der Teilchen jedoch eine *Durchbrechung* der Symmetrie fest, denn nun ist ihr Gedächtnisfeld Sigma nicht mehr leer (vergleiche dazu das Einstein-Podolski-Rosen-Experiment oder die Durchbrechung der Parität).

Aus obiger Aufstellung ist ersichtlich, dass die Anzahl der Symbole, die ein Teilchen speichern und manipulieren kann, von einer Bewusstseinsstufe zur nächsten *sehr stark* variiert. Deshalb stellen wir die Hypothese auf, dass ein echter Dialog nur zwischen zwei Teilchen zustande kommen kann, die sich auf derselben Bewusstseinsstufe befinden, also zum Beispiel beide auf der Stufe „Tier“ oder „Mensch“.

Auf der Ebene komplexer (aus einem Teilchenverband bestehender) Organismen ist dies offenkundig. So gibt es keinen echten „Dialog“ zwischen Mensch und Tier, wenn man diesen Begriff in seiner engeren Bedeutung nimmt. Natürlich sind viele Arten der Kommunikation möglich, doch verfügt ein Tier nun einmal nicht über eine ähnlich große Anzahl von Symbolen wie der Mensch. Die Kommunikation zwischen Tier und Mensch wird vielmehr um so leichter und „bereichernder“ sein, je bewusster sich der Mensch auf die Bewusstseinsebene des Tiers einstellt. (Denn unterhalb seiner „menschlichen“ Bewusstseinsebene findet der Mensch ja die „tierische“ Ebene vor).

Der Dialog setzt eine gemeinsame Sprache voraus

Keine Kommunikation ohne Sprache. Damit „Sprache“ entsteht, muss außer den physikalischen Zeichen (Klänge, Gesten, Farben, Radiowellen ...) auch eine Konvention festgelegt werden, indem die Gesprächspartner sich über die Bedeutung einigen, die sie diesen Zeichen geben. Jeder von uns kennt diese Sprachprobleme. Will ich mich mit jemandem durch Sprechen verständigen, müssen wir die gleiche Sprache sprechen, d.h. unser jeweiliges Gedächtnis muss so beschaffen sein, dass wir denselben Worten (d.h. denselben Laut- oder Schriftsymbolen) dieselbe Bedeutung geben. Das Gleiche gilt für eine Verständigung durch Gesten: ich muss zum Beispiel wissen, ob die erhobene offene Hand Freundschaft oder Feindschaft bedeutet. Das ist kein spezifisch menschliches Problem, im Tierreich gilt Ähnliches. Die Sprachforscher lehren uns, dass wir zwischen dem *Zeichen* und dem *Bezeichneten* unterscheiden müssen und dass es immer einer *Konvention* der Benützer einer Sprache bedarf, damit jedes Zeichen für alle dasselbe bezeichnet.

Wenn wir uns nun auf die unterste Stufe, die des einzelnen Psychomaterieteilchens, zurückbegeben, finden wir eine ganz ähnliche Situation vor. Als wir im zweiten Kapitel das „EPR“-Paradoxon behandelten, haben wir gesehen, dass zwei Psychomaterieteilchen (es waren zwei Protonen) sich auch auf eine *Konvention* einigten, sodass sie den Symbolen, die jedes Teilchen in seinem Gedächtnis gespeichert hatte, dieselbe Bedeutung zuordnen konnten. Es ist die sehr wichtige Fähigkeit zur Vereinigung, die den Teilchen die Möglichkeit gibt, sich auf eine solche Konvention zu einigen. Bei der sogenannten Vereinigung platzieren sich die Teilchen so, dass ihre Spinachsen „antiparallel“ (parallel, jedoch in umgekehrter Richtung) zueinander ausgerichtet sind. Das kann der Fall sein, wenn die beiden Teilchen von einem gemeinsamen Magnetfeld umgeben sind; ihre

Spinachsen richten sich dann parallel zur Richtung des Magnetfeldes aus. In dieser Situation kommt es wie erinnerlich zu einer *Verdoppelung* der Teilchengedächtnisse, d.h. jedes Teilchen verfügt nach der Vereinigung über die gleichen Symbolkomponenten in seinem Gedächtnis, und jedes Symbol hat die gleiche Bedeutung. Sie haben sich also durch ihre „Vereinigung“ auf eine Art Sprachkonvention geeinigt und sind nun bereit, miteinander in einen Dialog zu treten.

Allerdings dürfen wir uns diese Dialoge natürlich nicht als eine Art „Small Talk“ zwischen Nachbarteilchen vorstellen. Es ist vielmehr so, dass die beiden Teilchen, die ihre Gedächtnisse „verdoppelt“ haben, dies durch *gleichartiges Verhalten in analogen Situationen* ausdrücken werden. Das EPR-Experiment bestätigt das auch: vor die Alternative gestellt, eine Öffnung zu benützen oder nicht, zeigen die „Protonenzwillinge“ das gleiche Verhalten: beide gehen hindurch oder aber beide gehen nicht hindurch ... was natürlich den Anhängern der Wahrscheinlichkeitslehre unter den Physikern nicht in den Kram passt, denn sie würden ein *unabhängiges* Verhalten der beiden Teilchen erwarten (wobei jedes Teilchen 50% Chancen hätte, die Öffnung zu benützen oder dies nicht zu tun). Die Komplexe Relativitätstheorie erklärt die gleichartigen Verhaltensweisen der Teilchen mit der Verdoppelung der Teilchengedächtnisse (weshalb an dem Phänomen übrigens auch nichts „Paradoxes“ mehr ist).

Wir können es vielleicht noch ein wenig allgemeiner formulieren: die Entstehung einer „Sprachkonvention“ im Zuge ihrer „Vereinigung“ harmonisiert das Verhalten der Teilchen, da die Übereinstimmung ihrer Gedächtnisse sie gleiche Situationen auch gleich interpretieren lässt. Sie „sprechen dieselbe Sprache“. Wir treffen hier auf den berühmten Mythos vom Turmbau zu Babel, der wegen der herrschenden Sprachverwirrung nicht zu Ende geführt werden konnte. Auch den Psychomaterieteilchen ist dieser Mythos bekannt; sie haben seinen tiefen Sinn gewiss lange vor uns entdeckt und verstanden, wie wichtig es ist, sich *zusammenzuschließen*, um Dinge zu verrichten, die man allein nur sehr schwer oder gar nicht vollbringen kann. Sie haben aber auch verstanden, dass zu einer solchen Zusammenarbeit, zu einem solchen „harmonisierten“ Verhalten, auch eine gemeinsame Sprache nötig ist, die identische, deutungsfähige Gedächtnisse erfordert. Und es ist der Prozess der Vereinigung, auf den wir gleich etwas näher eingehen werden, der es ihnen ermöglicht, die Schwierigkeiten, die bei der Koordinierung gemeinschaftlicher Tätigkeiten entstehen, zu überwinden.

LANGE KETTE UND VIREN: DIE ERSTEN ETAPPEN DES LEBENDIGEN DIALOGS

Wir haben also im EPR-Experiment festgestellt, dass zwei Teilchen unter geeigneten magnetischen Bedingungen eine „Vereinigung“ vollziehen können. Doch gleich danach streben die beiden wieder *auseinander*, sodass sie nicht in der Lage sind, *gemeinsame* Aufgaben durchzuführen. Will die Psychomaterie also komplexe Teilchenstrukturen aufbauen, in die jedes Teilchen sein „Know-how“ für den gemeinsamen Zweck einbringen soll, muss sie dafür sorgen, dass die Teilchen, nachdem sie die gleiche Sprache zu sprechen gelernt haben, einander auch *räumlich* nahe bleiben: Teilchen mit identischen Gedächtnissen müssen miteinander „verkettet“ werden.

Die Eiweißketten

Die ersten „Bausteine“ des Lebendigen sind also lange Ketten von Proteinen (Eiweißstoffen), sogenannte Polypeptidketten. Die Psychomaterie „konstruiert“ ein System, um auf kleinstem Raum Teilchen mit „harmonisiertem“ Verhalten, also analogem oder identischem Gedächtnis miteinander zu verketten. Ein Protein ist ein sehr großes Molekül, das aus der kettenförmigen Vereinigung kleinerer Bestandteile entstanden ist, die wir als *Aminosäuren* bezeichnen. Die Proteine, auf denen jedes irdische Leben aufbaut, bestehen aus nur 20 verschiedenen Aminosäuren, doch kann ein einziges großes Eiweißmolekül mehrere Milliarden Aminosäuremoleküle enthalten.

Und sofort entdecken die Teilchen die Möglichkeiten, die ihnen ein harmonisiertes gemeinsames Verhalten eröffnet. Viele Proteinketten sind sogenannte *Enzyme*, Fermente, die als Katalysatoren wirken, d.h. bestimmte chemische Reaktionen sehr erleichtern, dabei selbst jedoch unverändert bleiben. Wollte man manche dieser mithilfe der Enzyme stattfindenden Reaktionen im Labor nachvollziehen, würde man dazu äußerst hohe Drücke und Temperaturen brauchen und sehr lange Reaktionszeiten in Kauf nehmen müssen. Es scheint, dass ohne die Enzyme Leben, so wie es sich uns heute darstellt, nicht möglich wäre.

Mit der Zeit kann das kollektive Verhalten der langen Ketten immer weiter „verbessert“, die „Effizienz“ immer mehr gesteigert werden. Die DNS (Desoxyribonukleinsäure)- und die RNS (Ribonukleinsäure)ketten treten auf. Und wir wissen ja, welch große Bedeutung diese Ketten für das Verhalten der Zelle haben.

Von den zerbrechlichen langen Ketten zu den starren Viren

Doch so weit sind wir noch nicht. Noch sind wir bei den langen Molekülketten, die auf den Ozeanen treiben und ihre Energie aus dem ultravioletten Licht beziehen, das die Sonne auf die Erde strahlt. Wir beschäftigen uns hier natürlich nur mit unserem Planeten Erde genauer, doch wahrscheinlich gehen ähnliche Prozesse im gesamten Universum vor sich, wann und wo immer die Psychomaterie Orte entdeckt, die für die Entwicklung ihrer langen Ketten geeignet sind.

Der nächste Schritt gilt dem Schutz der langen Protein- und DNS-Ketten, da ihre Umgebung dazu neigt, sie zu zerbrechen und zu zerstören. Zu diesem Zweck bildet die Psychomaterie starre geometrische Strukturen, die wir in dieser Form auch heute noch vorfinden und die wir als *Viren* bezeichnen.

Ein Virus besteht aus zwei getrennten, aber relativ homogenen Teilen: einem zentralen *Nukleoid*, das aus einer spiralförmigen DNS- oder RNS-Kette besteht, und einer das Nukleoid umgebenden Eiweißsubstanz, die aus den 20 Aminosäuren, die Bestandteile jedes lebenden Organismus sind, gebildet ist. Dieser äußere Teil des Virus wird *Virushülle* genannt. Die Spiralform hat den Vorteil, dass auf sehr kleinem Raum eine große Zahl von Psychomaterieteilchen vereint werden kann. Würde man eine solche spiralförmige DNS-Kette, wie man sie in einem Virus (das nur ein Millionstel Millimeter groß ist) vorfindet, aufrollen, so erhielte man ein Band von mehreren Dutzend Metern Länge!

Allerdings werden die Verhaltensmöglichkeiten der Viren durch deren *Starrheit* eingeschränkt, die an der äußeren Struktur der Virushülle erkennbar ist. Diese ist in keiner Weise „formbar", sondern hat eine feste geometrische Gestalt. Die größten Viren sind meist zylindrisch, während die mittleren und die kleinen gewöhnlich kugelförmig sind.

Und nun kommt es zur wohl größten Erfindung der Psychomaterie: nach und nach wird aus der starren Virushülle eine *elastische* Schutzschicht, eine *Membran*, die einen Kern umhüllt, in dem sich die langen DNS-Ketten, die ursprünglich das Nukleoid bildeten, sammeln. Zwischen Kern und Membran bildet sich eine flüssige Substanz, das *Zytoplasma*. Das so entstandende Gebilde kann alle nur möglichen Formen annehmen und alle erdenklichen Bewegungen ausführen.

DIE ZELLE IST GEBOREN

So starr das Virus war, so beweglich ist die Zelle. Unentwegt kommt es an verschiedenen Stellen des Zellkörpers zu neuen Synthesen, während andere Teile zerfallen. Zwischen der Zelle und ihrer Umgebung findet ein ständiger Austauschprozess statt. Indem sie ihren Körper verformt, kann sich die Zelle bewegen. Darüber hinaus aber kann sich die Zelle auch *fortpflanzen*, entweder durch Teilung (sodass aus einer Zelle zwei gleichartige Zellen entstehen) oder durch geschlechtliche Fortpflanzung (bei der zwei Zellen sich vereinigen, um eine dritte hervorzubringen). Damit haben wir es nun nicht mehr mit einem Dialog zwischen Psychomaterieteilchen gleicher Bewusstseinsstufe zu tun, sondern *die Bewusstseinsebenen* selbst werden reproduziert, da sich ja die Teilchen, aus denen die Tochterzelle besteht, *alle* auf der Bewusstseinsebene jener Teilchen befinden, die die Mutterzelle bilden. Durch die Zelle wird also ein rasches Ansteigen des Bewusstseins im gesamten Universum ermöglicht, und diesem Thema ist auch unser nächstes Kapitel gewidmet.

7.
Das Wunder des Lebens

„Dann sprach Gott: Das Wasser wimmle von lebendigen Wesen ...“

GENESIS

WOZU DAS UNIVERSUM?

Es mag vermessen scheinen, die Frage nach dem „Ziel“ der Evolution zu stellen. Wir sind von einem riesigen Universum umgeben, von dem wir nur einen winzigen Bruchteil kennen, und wir sehen, dass es einem dauernden Wandlungsprozess unterliegt. Führt dieser Prozess auf ein bestimmtes Ziel zu? Wir haben gehört, dass der Raum unseres Universums von Psychomaterieteilchen erfüllt ist, die ihr Mentales unausgesetzt mit „unauslöschlichen“ Informationen anreichern. Wozu dient diese Wissensanhäufung in den Gedächtnissen der Teilchen, worauf zielt die Evolution des Mentalen letztlich ab?

So schwierig diese Fragen, die an die letzten Dinge, an das Ganze und seine Entwicklung rühren, zunächst auch scheinen mögen, enthalten sie doch zugleich schon Elemente einer Antwort: auch wir bestehen ja aus diesen Psychomaterieteilchen, die das Universum bilden, und wenn wir uns fragen, welche Ziele die Psychomaterie mit ihrer Evolution verfolgt, fragen wir auch nach *unseren eigenen Zielen*. Es ist, als fragte man, welche Ziele eine Gemeinschaft, zum Beispiel ein Orchester sich gesetzt hat: Ziel eines Orchesters ist die möglichst gute Wiedergabe eines Musikstücks; und *jeder, der Musiker hat*, sich wahrscheinlich dasselbe Ziel gesteckt; auch er will seinen Part möglichst gut spielen. Das Orchester und die einzelnen Musiker haben also analoge oder identische Zielsetzungen.

DIE ZWEIEINHEIT MENTALES/VERHALTEN

Aus allem, was wir in den vorhergehenden Kapiteln gesagt haben, geht klar hervor, dass der Geist im Laufe der Zeit immer mehr Archetypen „in die Welt setzt“, also in Raum und Zeit „aktualisiert“; Archetypen, die er frei aus der Gesamtheit aller Möglichkeiten gewählt hat. Diese Gesamtheit aller Möglichkeiten bezeichneten wir als das Seiende. Durch das Wort aktualisiert, werden diese Archetypen zu Formen/Symbolen. Die Symbole werden in den Gedächtnissen der einzelnen Psychomaterieteilchen, in der imaginären Raum-Zeit, gespeichert. Die Formen drücken sich durch reale Formen aus, die sich in der realen Raum-Zeit bewegen, also durch *Verhaltensweisen* der „punktförmigen" Spur der Psychomaterieteilchen in der „gekrümmten" Raum-Zeit der Realität.

Jeder Mentalstruktur entspricht ein Verhaltenstypus

Wegen der außerordentlichen Wichtigkeit dieses Begriffs wollen wir hier nochmals betonen, dass Formen und Symbole eine Zweieinheit bilden. Die Mentalstrukturen eines Teilchens und sein Verhalten sind zwei komplementäre Aspekte derselben Größe, die wir Form/Symbol nennen. Einer bestimmten Symbolstruktur im Mentalen entspricht ein bestimmtes Verhalten (Form). Versuchen wir, uns das am Beispiel eines dünnen Metallplättchens vorzustellen: was auf der Oberfläche als „Beule" erscheint, scheint unweigerlich auf der Unterseite als „Delle" auf. Die Zweieinheit Form/Symbol ist auch (und das ist mehr als eine Analogie) mit der Komplementarität „Korpuskel/Welle" vergleichbar: Korpuskel und Welle sind zwei voneinander *untrennbare* Aspekte, zwei Seiten derselben Medaille: die Welle bietet dem Teilchen eine bestimmte Menge möglicher Verhaltensweisen, wobei es für jede dieser Verhaltensweise eine bestimmte „statistische" Wahrscheinlichkeit gibt. Diese gilt für das Gesamtverhalten einer großen Menge von Teilchen, die alle über das gleiche Sigma-Gedächtnisfeld verfügen, während für das Verhalten des Einzelteilchens immer auch dessen Freiheit mitbestimmend ist. Es ist vor allem unmöglich, die Gesamtheit der möglichen Verhaltensweisen des Teilchens zu ändern, ohne dass sich gleichzeitig die Welle verändert. Einer gegebenen Menge von Verhaltensweisen (mit ihren jeweiligen Wahrscheinlichkeiten) entspricht eine bestimmte Psi-Welle, und nur eine. Ebenso entspricht einer gegebenen Psi-Welle eine bestimmte Menge von Bewegungen des Teilchens, und nur diese.

Diese Zweieinheit Form/Symbol ist deshalb so wichtig, weil wir davon ausgehen müssen, dass einer gegebenen Mentalstruktur in einer bestimmten Situation nur eine ganz spezifische Menge von Verhaltensweisen des Psychomaterieteilchens entspricht, das ebendiese Mentalstruktur aufweist. Umgekehrt entspricht einer bestimmten Menge zu einem bestimmten Zeitpunkt möglicher Verhaltensweisen eines Teilchens eben nur die eine spezifische Mentalstruktur, die das betreffende Teilchen zu diesem Zeitpunkt aufweist.

Das „kooperative" Verhalten der Teilchen mit gleicher Mentalstruktur

Allerdings müssen wir das eben Gesagte mit dem, was wir über „freie" und „wahrscheinliche" Verhaltensweisen der Psychomaterieteilchen wissen, in Einklang bringen. Zu jedem Psychomaterieteilchen gehört eine Psi-Welle, die sich im Raum der Realität ausbreitet (und mit unendlicher Geschwindigkeit im Bezugssystem des Teilchens selbst). Die Psi-Welle hat wie erinnerlich eine Doppelfunktion:

a) Sie informiert das Teilchengedächtnis über die Geometrie des realen Raumes und die „wahrscheinlichen" Bewegungen der anderen Teilchen in diesem Raum (Initialbedingungen von Psi);

b) sie gibt dem betreffenden Teilchen an, welche Verhaltensweisen ihm aufgrund obiger Informationen und der Struktur seines Sigma-Gedächtnisfeldes möglich sind (Psi-Sigma-Kopplung).

Die Information b) räumt dem Teilchen *mehrere* Verhaltensmöglichkeiten ein; das Quadrat der Amplitude der Psi-Welle informiert das Teilchen über die Wahrscheinlichkeit jeder einzelnen möglichen Verhaltensweise, und zwar gemessen an den wahrscheinlichen Verhaltensweisen einer großen Zahl anderer Teilchen, die sich in einem identischen geometrischen Außenweltmilieu bewegen und die gleiche Mentalstruktur aufweisen.

Nun steht das Teilchen also vor mehreren Verhaltensmöglichkeiten und muss seine *schöpferische* Fähigkeit einsetzen, um frei (d.h. intuitiv und nicht von der Ratio geleitet) jenes Verhalten zu wählen, das es nun *tatsächlich* an den Tag legen wird.

Was würde geschehen, würde man eine *große Zahl* von Teilchen mit gleichem Gedächtnis, also mit gleicher Mentalstruktur, gleichen äußeren Einflüssen aussetzen? Alle Teilchen hätten in diesem Fall die gleiche Psi-Welle, also auch die gleichen Formen/Symbole. Nach dem, was wir vorhin gehört haben, werden sie *in ihrer Gesamtheit* die Gesamtheit der durch ihre identische Psi-Welle determinierten Verhaltensweisen wählen, das heißt, eine Gesamtheit verschiedener Verhaltensmöglichkeiten (oder Aufgaben) ausführen, wenngleich jedes einzelne Teilchen dabei seine individuelle Freiheit bewahrt. Diese verschiedenen Verhaltensmöglichkeiten können miteinander nicht unvereinbar sein, da ihnen die physikalischen Gesetze und eine *gleiche* Mentalstruktur der betreffenden Teilchen zugrunde liegen. Wir wollen diese Summe komplementärer und kompatibler Verhaltensweisen einer Gruppe von Teilchen mit gleicher Mentalstruktur, die von den gleichen äußeren Bedingungen umgeben sind, als *Menge der kooperativen Verhaltensweisen* dieser Teilchen bezeichnen.

Diese Möglichkeit zu kooperativem Verhalten ist für die Psychomaterieteilchen von eminenter Wichtigkeit, denn eine solche kooperative Gruppe kann ein „Team" bilden, in dem die Teilchen *gleichzeitig* verschiedene Arbeiten verrichten, so wie das bei Menschen der Fall ist, die in einem Arbeitsteam bei der Verwirklichung bestimmter Projekte zusammenarbeiten. Damit nimmt der Gedanke eines lebenden Organismus Gestalt an, der auf dem kooperativen Verhalten einer bestimmten Gruppe von Psychomaterieteilchen beruht. Damit es dazu kommt, müssen zwei Bedingungen erfüllt sein:

1. Die kooperative Gruppe oder Klasse (K) arbeitet in einer genau begrenzten Umgebung (gleiche äußere Bedingungen, gleicher „Körper").

2. Jedes Teilchen dieser Klasse K weist die *gleiche* Mentalstruktur, d.h. das gleiche Gedächtnis auf. Wie erinnerlich ist dies aufgrund der Fähigkeit der Teilchen zur Vereinigung möglich. Dabei werden, wie wir bereits wissen, die Gedächtnisse der Teilchen *redupliziert.*

Wir finden hier die zwei grundlegenden Voraussetzungen vor, unter denen ein lebender *Organismus* entsteht: das Milieu, in dem die Teilchen „kooperieren" sollen, muss genau abgegrenzt sein (durch eine Zellmembran etwa, oder eine Haut ...), und jedes Teilchen in dem Organismus muss über die gleiche Mentalstruktur verfügen (analog der Chromosomengleichheit in einem vielzelligen Organismus).

Gleiche Symbole für gleiche Formen

Wir kommen auf den Begriff der Zweieinheit Form/Symbol zurück, um uns vor Augen zu führen, wieso das Gedächtnis der Teilchen *deutungsfähig* ist, also fähig, die erhaltenen Informationen auch zu deuten.

Das Sigma-Feld, das dieses Gedächtnis bildet, ist, wie wir gehört haben, seiner Struktur nach mathematisch genau definierbar: diese Struktur entsteht durch die „Fusion" (im Sinne von Louis de Broglie) gequantelter Rotations/Pulsationszustände von Neutrinopaaren. Charakteristisch für das

Sigma-Feld ist sein Gesamtspin, der nacheinander 1, 2, 4, 8, 16, … betragen kann. Als „Symbole“ haben wir die *Komponenten* dieses Sigma-Feldes bezeichnet. Das Symbol ist gespeichert, wenn die ihm entsprechende Komponente gespeichert ist. Hierzu ist nötig, dass die zu dieser Symbolkomponente gehörigen Initialbedingungen nicht alle gleich Null sind. Je nach den mehr oder weniger hohen Werten dieser Initialbedingungen einer gegebenen Komponente S im Vergleich zu den Initialbedingungen *anderer* Komponenten, kann man sagen, dass S mehr oder weniger „Gewicht“ im Gedächtnis des betreffenden Teilchens hat.

Was uns in diesem Zusammenhang jedoch besonders interessiert, ist folgende Überlegung: wir wissen, dass einer bestimmten Form, die die Psi-Welle des Teilchens in der Außenwelt „aufspürt“, ein bestimmtes Symbol (also eine bestimmte Komponente) des Sigma-Feldes entspricht. Das heißt wiederum, dass die *gleiche* Form der Außenwelt auf der gleichen Komponente (also auch im gleichen Symbol) des Sigma-Feldes gespeichert wird. Ganz allgemein werden gleiche Formengruppen auch durch gleiche Symbolgruppen im Sigma-Feld gespeichert, und das gilt für *alle* Psychomaterieteilchen, die diese Formen in der Außenwelt aufspüren. Eine Kugel etwa wird nicht als Initialbedingung irgendeiner Menge von Sigma-Feld-Komponenten gespeichert. Es ist vielmehr *immer die gleiche Gruppe von Komponenten,* die die Form „Kugel“ speichert, bei allen Teilchen, in *jedem* Gedächtnis.

Nun ist uns auch klar, wie die verschiedenen Teilchen sich hinsichtlich der Formen (also auch der Verhaltensweisen), die sie in der sie umgebenden Außenwelt entdecken, „einigen“: alle Teilchen „mobilisieren“ die gleiche *Gruppe von Symbolen* (von Sigma-Feld-Komponenten), um eine bestimmte Form zu speichern. Es handelt sich um eine Art „stillschweigendes Übereinkommen“ der Teilchen, um die Außenwelt mit ihren Formen zu „erkennen“. Dazu bedarf es nicht einmal einer „Sprachkonvention“ hinsichtlich der Bedeutung der verschiedenen gespeicherten Symbole, denn das Teilchen A „nimmt“ eine bestimmte Form der Außenwelt in gleicher Weise „wahr“ wie sein Nachbarteilchen B. Und für alle Teilchen ist diese Wahrnehmung gleichermaßen *deutbar* (die Form wird einer ganz bestimmten Gruppe von Symbolen des Sigma-Feldes zugeordnet), und ihre Bedeutung ist für *alle* Teilchen *die gleiche*. „Ich sehe eine Kugel“, sagt etwa ein Teilchen zu seinem Nachbarteilchen, das zugleich mit ihm einen bestimmten Gegenstand der Außenwelt betrachtet: freilich müssen sich die beiden auf eine „Sprachkonvention“ hinsichtlich des Wortes „Kugel“ einigen, doch über die *Gedächtnisinhalte,* die sie mit dem Objekt verbinden, brauchen sie sich nicht zu einigen, da die Komponentengruppe des Sigma-

Feldes, die für die Wahrnehmung des Objekts „Kugel" „in Bereitschaft versetzt wurde", bei beiden Teilchen die *gleiche* ist. Deshalb ist es den beiden ein Leichtes, sich über die *Bedeutung* der gespeicherten Wahrnehmungen zu einigen.

Das Gedächtnis der Teilchen ist also unmittelbar „deutungsfähig"; könnte sich ein Teilchen irgendwie das Gedächtnis eines anderen Teilchens verschaffen, so wäre es unmittelbar in der Lage, den Symbolen dieses neuen Gedächtnisses *eine Bedeutung* zu geben, auch wenn es die Formen der Außenwelt, auf die die Symbole in dem neuen Gedächtnis sich beziehen, vielleicht nie direkt „wahrgenommen" hat: Wenn du mir den Inhalt deines Gedächtnisses überlässt, werde ich den Symbolen in diesem deinem Gedächtnis die „richtige" Bedeutung zuordnen, obwohl ich die Formen, die ihnen zugrunde liegen, nicht kenne, sie nie selbst wahrgenommen habe. Auch ich werde also die Bedeutung dieser Formen unmittelbar erfahren. Indem ich den Inhalt deines Gedächtnisses in mir redupliziere, werde ich dein Verhalten und dein „Know-how" unmittelbar erwerben und verstehen lernen, obwohl dieses Verhalten und dieses „Know-how" mir bisher unbekannt waren.

Diese Reduplikation des Gedächtnisses, die Fähigkeit der Teilchen zur „Vereinigung", ist es, die der Fortpflanzung von Leben zugrunde liegt.

ZIELSETZUNGEN UND METHODEN DER EVOLUTION

„Seid fruchtbar und mehret euch."

Das Ziel der Evolution aller Psychomaterieteilchen, also allen Lebens, scheint demnach darin zu liegen, immer mehr Archetypen des Seienden zu aktualisieren, immer mehr Formen/Symbole in Raum und Zeit „werden" zu lassen.

Die Psychomaterie verfügt über folgende Mittel, um dieses Ziel zu erreichen:

- Jedes Teilchen muss auf der Stufe, auf der es steht, seine Kreativität, seine *schöpferische Fähigkeit*, maximal nutzen. Denn wie wir wissen, dient der Vorgang der Schöpfung (Intuition) dem Geist dazu, neue Formen/Symbole zu „aktualisieren" und dann zu speichern, also Formen/Symbole, die nicht etwa das Ergebnis einer simplen Neuordnung alter, bereits *früher* aktualisierter Formen/

Symbole sind (ein solcher Vorgang der Neuordnung ist Aufgabe der Ratio). Durch den Schöpfungsvorgang wird das Gedächtnis des Teilchens um *neue* Symbole bereichert, sein *Bewusstseinsgrad* steigt. Wir wissen, dass dieser Bewusstseinsanstieg *stufenweise* erfolgt, wobei jede neue Stufe einem höheren Spin des Sigma-Gedächtnisfeldes entspricht. Wir bezeichneten diese Entwicklungsstufen als symmetrisch, asymmetrisch, instinktiv, rational, hyperrational ... Die ersten vier sind auf unserer heutigen Erde verwirklicht, die fünfte gewährt uns eine Art Ausblick auf die „nächste" Bewusstseinsebene des Lebendigen.

- Durch den Vorgang der *Vereinigung* kann das Teilchen die Ergebnisse seiner Kreativität den *anderen Teilchen* zugänglich machen. Vermehrung von Leben findet statt, und zwar durch Reduplikation der Mentalstrukturen. Auf makroskopischem Niveau, d.h. auf dem Niveau von Organismen, die aus einer großen Zahl von Psychomaterieteilchen bestehen, müssen wir zwischen Reduplikation durch *Zellteilung* und *geschlechtlicher Fortpflanzung* unterscheiden.

„Seid fruchtbar und mehret euch", befahl Gott nach der Erschaffung des Universums. Sein Rat ist offenbar befolgt worden, er scheint sogar das eigentliche Ziel der Evolution des Universums zu sein. Das Bewusstsein jedes einzelnen Psychomaterieteilchens ist einem ständigen Wachstumsprozess unterworfen, und durch Reduplikation füllt sich der Raum mit immer mehr immer bewussteren Teilchen. Gott wollte, so scheint es, diesen Prozess und hat zu diesem Zweck jedes einzelne Teilchen mit den dazu nötigen Fähigkeiten ausgestattet: mit schöpferischer Kraft (Erkenntnis) und mit der Fähigkeit zur Vereinigung (Liebe).

Das Gesetz der zunehmenden Komplexität des Bewusstseins

Die Tatsache, dass die Zweieinheit von Form und Symbol die gesamte Entwicklung der Psychomaterie bestimmt, scheint die These von Pierre Teilhard de Chardin zu bestätigen, der gemäß die Evolution des Lebendigen einer Art „Gesetz der zunehmenden Komplexität des Bewusstseins" unterworfen sei. Der Anthropologe Teilhard wollte damit ausdrücken, dass Hand in Hand mit der fortschreitenden Komplexität der Formen des Lebens im Zuge der Evolution auch die Mentalstrukturen zunehmend komplexer würden, also ein Ansteigen des Bewusstseinsniveaus festzustellen sei. Die Bewusstseinsebene, auf der eine Mentalstruktur sich im Augenblick befindet, lässt sich *quantitativ* durch die *Zahl* der in ihr gespeicherten Symbole definieren. Oder anders ausgedrückt, die Zahl der Komponenten des Sigma-Gedächtnisfeldes, die nicht gleich null sind, gibt an, auf welcher Bewusstseinsebene die betreffende Struktur sich befindet. Und diese Definition gilt bereits auf der untersten Stufe, der des einzelnen Teilchens, da wir aus der Komplexen Relativitätstheorie wissen, dass schon auf dieser Stufe ein deutungsfähiges Gedächtnis vorhanden ist, also ein Sigma-Feld mit einer kleineren oder größeren Anzahl von Komponenten (Symbolen), die ungleich null sind. Und wir sahen ja auch, wie schon Teilhard de Chardin annahm, dass das Bewusstsein im Verlauf seiner Entwicklung gewisse große Schwellen überschreitet:

- symmetrische Stufe (Neutrino): kein Sigma-Gedächtnisfeld (nur eine Psi-Welle mit 16 Komponenten);
- asymmetrische Stufe (Photon): 256 Komponenten des Sigma-Gedächtnisfeldes;
- instinktive Stufe (Pflanzen- und Tierreich): 65 536 Komponenten;
- rationale Stufe (Mensch): 4.3 Milliarden Komponenten.

Diese Liste könnte man beliebig fortsetzen, doch wir wollen nur noch die „hyper-rationale“ Stufe mit ihren 18 Milliarden Milliarden Sigma-Gedächtnis-Komponenten erwähnen, die unmittelbar auf die rationale Stufe folgt. Teilhard de Chardin war der Meinung, auf dieser Entwicklungsstufe erscheine das Wesen, das über den Menschen hinausgeht. Jede Entwicklungsstufe in dieser Aufstellung wartet mit einer gegenüber der vorherigen stark vergrößerten Anzahl von Komponenten (einem stark „erweiterten“ Bewusstsein) auf, da sich aus der Erforschung des Sigma-Feldes ergibt, dass die Zahl seiner Komponenten jeweils dem *Quadrat* der Komponentenzahl der vorhergehenden Stufe entspricht.

Es scheint, als „öffneten“ sich nacheinander die einzelnen Stufen im Zuge der Evolution: ist zum Beispiel die „instinktive“ Stufe „voll“, öffnet sich im betreffenden Teilchen eine neue Stufe, die „rationale“. Plötzlich steht ihm potenziell das gesamte Feld dieser Ebene mit seinen 4.3 Milliarden möglichen Symbolen zur Verfügung, wodurch sich klarerweise ganz neue Perspektiven für das Teilchen eröffnen.

Das heißt freilich nicht, dass nicht auf jeder Stufe alle nur möglichen mentalen „Abstufungen“ vorhanden wären, je nachdem wie viele Symbole der betreffenden Stufe ein Teilchen „verwirklicht“. Wir verstehen das besser, wenn wir die Sprache als Vergleich heranziehen: das „mentale“ Niveau (das nicht identisch ist mit dem Bewusstseinsniveau) lässt sich an der Anzahl der *Worte* (Symbole) einer bestimmten Sprache messen, die jemand aktiv verwendet. Auch im Tierreich erweitert sich das Mentalniveau, was durch die immer größere Zahl von Symbolen zum Ausdruck kommt, die die betreffende Tiergattung speichert und verwendet. Und an einem bestimmten Punkt ist die instinktive Stufe plötzlich „gesättigt“, d.h. die für diese Stufe mögliche Höchstzahl von Symbolen ist erreicht. Dadurch *öffnet* sich die nächste Stufe, die „rationale“, und aus dem einstigen „Tier“ geht ein neues Wesen hervor, der Mensch, dessen mentales Feld wesentlich weiter ist.

DIE SCHWELLE ZUM MENSCHEN

Die Ontogenese wiederholt die Phylogenese

Mit dem Auftauchen des Menschen scheint sich das Tempo, in dem sich das mentale Niveau innerhalb der „rationalen“ Stufe entwickelt, enorm zu beschleunigen.

Noch beim Tier ging die Entwicklung des Mentalniveaus sehr langsam vor sich, wobei jeder Schritt in dieser Entwicklung eine neue *Gattung* hervorbrachte. Auch das entspricht dem Teilhardschen Gesetz der zunehmenden Komplexität: da Formen und Symbole eine Zweieinheit bilden, geht mit der zunehmenden Komplexität der Mentalstruktur (der steigenden Anzahl von Symbolen, die ein lebender Organismus „aktiviert“) auch eine Zunahme der Komplexität der zugehörigen Formen einher und damit folglich auch komplexere Verhaltensweisen. Daraus erklärt sich, dass eine tiefgreifende Veränderung des mentalen Niveaus schließlich eine „physische“ Veränderung der betreffenden Gattung nach sich zieht, was ja im Grunde auch in dem berühmten Lehrsatz zum Ausdruck kommt: „Die Ontogenese wiederholt die Phylogenese“: Die Entwicklung, die der Mensch von der Befruchtung der Eizelle bis zur Geburt durchläuft (Ontogenese), schreitet *vom Einfachen zum immer Komplexeren* voran, und da auch die einzelnen Tiergattungen allmählich, durch schrittweise zunehmende physische und mentale Komplexität entstanden sind, muss der Fötus die Entwicklungsphasen seines animalischen „Stammbaumes“ gleichsam „nachvollziehen“ (Phylogenese).

Man kann also sagen, dass im Tierreich die komplexe Vielfalt äußerer Formen auf die Komplexität des Mentalniveaus der betreffenden Gattung hindeutet. Je höher entwickelt die Mentalstruktur ist, desto vielfältiger und vollkommener sind die physische Struktur und die Verhaltensmöglichkeiten (insbesondere dank besser ausgebildeter Sinnesorgane).

Der Mensch und seine Kultur

Mit dem Erreichen der „rationalen" Entwicklungsstufe des Bewusstseins scheint die Entwicklung allerdings, wie schon gesagt, nicht mehr so sehr mit physischen Veränderungen einherzugehen (der heutige Mensch sieht nicht viel anders aus als seine Vorfahren aus der Steinzeit) sondern vielmehr mit Veränderungen *kultureller Art*, wobei wir unter „Kultur" die Gesamtheit aller erworbenen Kenntnisse und Erkenntnisse verstehen, also nicht nur alles menschliche Wissen, sondern auch sämtliche gesellschaftlichen, künstlerischen und religiösen Strukturen.

Seit der Altsteinzeit befindet sich die menschliche Kultur, wie niemand bestreiten kann, in einer konstanten Entwicklung, die in zunehmender Komplexität der Formen dessen, was man ihren „soziokulturellen Körper" nennen könnte, besteht. Der „physische Körper" des Menschen hingegen hat sich seither relativ wenig verändert, so wenig, dass auf der „rationalen" Bewusstseinsstufe, auf der wir uns jetzt befinden und deren Hauptmerkmal die Denkfähigkeit ist, nur eine einzige Gattung, nämlich der Mensch, anzutreffen ist, zumindest was unseren Planeten Erde betrifft. Die Fähigkeit zu denken teilen wir hier mit keiner anderen Gattung, und das bedeutet einen gewaltigen Unterschied zu der „instinktiven" Entwicklungsstufe, auf der es Hunderttausende von Pflanzen- und Tiergattungen gibt (auch hier beschränken wir unsere Aussage auf den Planeten Erde).

Zusammenfassend kann man also sagen, dass sich die Menschen hauptsächlich durch ihre Kultur, nicht aber nach Gattungen unterscheiden. Gruppen von Menschen leben in Symbiose in spezifischen Kulturen, die sie gemeinsam errichtet und akzeptiert haben. Auf der Ebene der „rationalen Bewusstseinsstufe" finden wir also anstelle unterschiedlicher Gattungen nur noch *unterschiedliche Kulturen* vor, von denen jede eine mehr oder minder große Gruppe von Menschen umfasst.

Wir müssen uns nun fragen, warum die Evolution seit dem Menschen nur mehr vielfältige Kulturen anstelle unterschiedlicher Gattungen hervorgebracht hat.

EINHEIT UND VIELFALT

Wie wir sahen, besteht das wesentliche Ziel der Evolution darin, mit der Zeit die Menge der Formen/Symbole in den Psychomaterieteilchen immer mehr zu vergrößern. Zu diesem Zweck hat sie sich abwechselnd zweier Methoden bedient: der Einheit und der Vielfalt. Rufen wir uns in diesem Zusammenhang nochmals in Erinnerung, wie ein Psychomaterieteilchen sein jeweiliges Verhalten „bestimmt".

Das Verhalten des Teilchens

Unter Berücksichtigung der physikalischen Gesetze seiner Außenwelt und kraft seines Gedächtnisses hat jedes Teilchen bestimmte Verhaltensmöglichkeiten. Zu jedem Zeitpunkt „wählt" das Teilchen nun aus diesen Möglichkeiten diejenige, die es tatsächlich annehmen wird, und bedient sich dazu seiner schöpferischen Fähigkeit, d.h. seiner Freiheit. Das *einzelne* Teilchen ist also „frei" - im Rahmen der physikalischen und der von seinem Gedächtnis abhängigen Gegebenheiten.

Doch sobald das Teilchen gemeinsam mit anderen Teilchen handeln will – in einem pflanzlichen oder tierischen Organismus zum Beispiel – tritt ein Problem auf. Je höher das Bewusstseinsniveau, je diversifizierter das Gedächtnis des Teilchens, desto mehr Verhaltensmöglichkeiten bieten sich ihm an. Wir haben gehört, dass Teilchen, die in einem lebenden Organismus Gruppenarbeit verrichten, also kooperieren müssen, darauf angewiesen sind, dass

- durch den Vorgang der Vereinigung alle Teilchen im „Team" über das *gleiche* Gedächtnis verfügen;
- eine Gruppe aus möglichst vielen Teilchen gebildet wird, sodass alle vom gemeinsamen Gedächtnis gestatteten Verhaltensweisen auch wirklich stattfinden und solcherart alle zum harmonischen Ablauf der Funktionen des lebenden Organismus nötigen „Aufgaben" erfüllt werden können.

Indem sie eine aus kooperativen Verhaltensweisen gebildete Struktur schuf, ist die Psychomaterie ihrem Ziel einen Schritt näher gekommen, und zwar durch *Vereinheitlichung* der in dieser Struktur zusammenwirkenden Verhaltensweisen.

Mehr Freiheit bedeutet weniger Einheit

Jede neue Bewusstseinsstufe entspricht einer enormen Erweiterung des Gedächtnisses, das in einer gegebenen Situation folglich sehr viel mehr verschiedene Verhaltensmöglichkeiten gestattet, denn je mehr Symbole im Gedächtnis gespeichert sind, unter desto mehr Formen kann das Teilchen wählen. (Zweieinheit von Form und Symbol).

Es ist für das *einzelne* Teilchen natürlich von Vorteil, in einer gegebenen äußeren Situation eine ganze Kollektion von Verhaltensmustern zur Auswahl zu haben. Doch *kooperatives* Verhalten, wie es die Zusammenarbeit einer großen Gruppe von Teilchen in einem Organismus erfordert, wird dadurch immer schwieriger. Der Preis für die größere Vielfalt ist eine Verminderung der Einheit, die jedoch nicht in Anarchie ausarten soll. Darum kommt es bereits auf der „instinktiven" Entwicklungsstufe bei der Bildung eines Organismus' zu einer *Selektion* der Vereinigungsprozesse zwischen Teilchen. Durch den Prozess der Vereinigung gewinnen zwei Teilchen das gleiche Gedächtnis, in dem nun die individuellen Verhaltensmöglichkeiten, die jedes der beiden Teilchen *vor* der Vereinigung hatte, sich addieren. Deshalb muss es sowohl bei der Vermehrung durch Zellteilung als auch bei der geschlechtlichen Fortpflanzung zu einer *Auswahl* des Materials kommen, das redupliziert werden soll. Zahlreiche *Versuche* finden statt, doch überleben letztlich nur Organismen aus Teilchen, die sich kooperativ verhalten: Dies hat die Vielfalt der Pflanzen- und Tierarten hervorgebracht, wie wir sie kennen.

Dann schließlich wird die Schwelle zum Menschen überschritten: *alle* Psychomaterieteilchen, die sich auf dieser Stufe befinden, haben die „rationale" Bewusstseinsebene erreicht; sie genießen unvergleichlich mehr Freiheit als jene, aus denen die pflanzlichen oder tierischen Organismen bestehen. Immer mehr Formen, d.h. Verhaltensweisen werden aktualisiert, und das mentale Niveau steigt weiter, ohne Zweifel in Richtung auf ein über den Menschen hinausgehendes Bewusstsein. Gleichzeitig jedoch erschwert die steigende Vielfalt möglicher Verhaltensweisen mehr und mehr die Vereinigung von Teilchen zum Zwecke der Kooperation. Diese Schwierigkeit ist auf der Ebene des Menschen so groß geworden, dass die Psychomaterie (zumindest bis jetzt) auf unserer Erde nur eine einzige Gattung von Lebewesen hervorgebracht hat, die sich auf der „rationalen" Bewusstseinsstufe befindet, den Menschen.

Die Geburt der Kultur

Die Vielfalt an Verhaltensweisen, die sein hohes Bewusstseinsniveau diesem einzigartigen Wesen Mensch ermöglicht, hat noch eine andere Folge: er verfügt über so viele Wahlmöglichkeiten, dass er nicht bereits von Geburt an in der Lage ist, zu erkennen, welches Verhalten einer bestimmten Situation am besten „angepasst" ist. Ein kleiner Vogel, auf ganz bestimmte Verhaltensweisen „konditioniert", fällt einfach nicht aus dem Nest, in dem er aus dem Ei geschlüpft ist. Doch versuchen Sie einmal, ein Baby auf ein Fenstersims im zweiten Stock zu legen: es wird nicht lange der Versuchung eines „freien" Verhaltens widerstehen, mit fatalen Folgen allerdings.

Um zu überleben, muss der Mensch nach seiner Geburt von anderen „aufgenommen" werden, und das Netz, das ihn aufnimmt, nennen wir Kultur. Diese Kultur hat übrigens nicht nur Vorteile; sie maßt sich zuweilen das Recht über Leben und Tod ihrer Mitglieder an: So gibt es auch heute noch Kulturen, in denen einem Großteil der neugeborenen Mädchen kein Überlebensrecht zugebilligt wird. Ganz allgemein kann man sagen, dass die Kultur, um anarchisches Verhalten auszuschließen, dem einzelnen gewisse Verhaltensweisen *aufzwingt*, beziehungsweise nur manche *autorisiert*, und dadurch die Kreativität und die Fantasie stark einschränkt, obwohl, wie wir sahen, das Leben gerade diese Fähigkeiten zur Erreichung seines Zieles (immer mehr Formen/Symbole zu schaffen) unbedingt braucht.

Dennoch dürfen wir mit der Kultur nicht allzu hart ins Gericht gehen; sie ist für den Menschen *unentbehrlich*, er lebt in einer Art Symbiose mit der Kultur der Gruppe, der er angehört. Doch vergessen wir dabei nie, dass jede Kultur die schöpferischen Möglichkeiten des Menschen oft stark beschneidet, weil sie dazu neigt, individuelle Verhaltensweisen zu vereinheitlichen. Es ist daher wichtig, zur bestmöglichen Wahrung der individuellen Freiheit eine möglichst große Vielfalt „kleiner" Kulturen zu bewahren, in denen sich kleine Gruppen von Menschen „zu Hause fühlen". Deshalb wäre zu wünschen, dass es auf unserem Planeten viele verschiedene Kulturen gibt, damit der einzelne sie miteinander vergleichen und diejenige wählen kann, die ihm die besten Möglichkeiten bietet, seine schöpferischen Fähigkeiten „auszuleben". Wehren wir uns also gegen die (Einheits-)kultur, doch tun wir alles zur Erhaltung möglichst vieler kleiner, eigenständiger Kulturen, die aus immer kleineren Gruppen von Menschen bestehen ... mit dem Endziel der *individuellen* Kultur, die nichts anderes ist als die Freiheit.

8.
Die Wurzeln des Verhaltens

Und ich hatte nichts, mich zu lenken, als das Licht, das in meinem Herzen brannte.

JOHANNES VOM KREUZ

DAS VERHALTEN DER MATERIE

Das Theater des Lebens

„Wir sind nicht nur Beobachter dieses Universums", erinnerte erst kürzlich der amerikanische Physiker John Wheeler, „sondern wir sind *Teilnehmer.*" Diese Behauptung wäre fast trivial zu nennen, bezöge man sie nur auf den Menschen oder auch nur allgemein auf lebende Organismen. Natürlich wissen wir, dass das Verhalten der uns umgebenden Lebewesen von unserem eigenen Verhalten abhängt, dass unsere Taten und unsere Worte unsere „lebendige" Umgebung direkt beeinflussen. Umgekehrt hängt unser eigenes Verhalten wiederum von der äußeren Situation ab, in der wir uns befinden. Wheelers Bemerkung drückt letztlich die experimentell bestätigte Beobachtung aus, dass das Mentale des menschlichen Beobachters in ständiger Wechselwirkung mit dem Mentalen der ihn umgebenden Lebewesen steht, egal ob es sich dabei um andere Menschen oder um Tiere handelt. Wir „nehmen" an dem uns umgebenden Universum „teil", wir können uns von Raum und Zeit, in der sich unser Verhalten abspielt, nie ganz lösen, wir sind niemals nur Zuschauer im „Theater" des Universums, sondern stehen gleichzeitig auch als Schauspieler auf der Bühne, als Mitwirkende in dem Stück, das um uns herumgespielt wird.

Doch wenn dies ohnehin so selbstverständlich ist, warum hatte Wheeler dann das Bedürfnis, es uns in Erinnerung zu rufen ... und warum nur hat seine Behauptung die meisten Physiker so sehr verblüfft? Die Antwort ist natürlich nicht so einfach, aber sicher hängt sie mit dem Weltbild zusammen, das sich die Physik im Laufe der letzten drei Jahrhunderte zusammengereimt hat: Das Universum bestehe aus zwei grundverschiedenen Kategorien von Dingen: den sogenannten „belebten" und den sogenannten „unbelebten"; unter letzteren versteht man zumeist Dinge, die keinerlei mentale Eigenschaften besitzen. Diese Dinge, sprich das, was wir „Materie" nennen, wären demnach nicht Mitwirkende in dem „Stück", das im Theater des Universums „gespielt" wird, sondern bloß eine Art Bühnendekoration, innerhalb derer die Lebewesen sich bewegen. Und als privilegierte Geschöpfe könnten sie diesen materiellen Rahmen für ihren Auftritt zumindest teilweise nach ihrem Belieben verändern. Glückliche Wesen!

Auch die Materie will auf die Bühne des Lebens

Die Materie jedoch beginnt, so scheint es, sich gegen dieses ungerechte Schicksal aufzulehnen. Unterstützt von John Wheeler und jüngst auch von der Komplexen Relativitätstheorie, lässt sie sich nicht länger darauf beschränken, nur „Dekoration" zu sein. Die Materie protestiert. Sie will auch auf die Bühne des Lebens, und zwar als Mitwirkende am Abenteuer des Universums. Auch sie erhebt Anspruch darauf, belebt zu sein, ein Mentales zu besitzen und durch ihr *persönliches* Verhalten in den Lauf der Welt einzugreifen.

Wenn die fälschlich als „unbelebt" bezeichnete Materie ebenfalls im kosmischen Reigen mittanzt, so haben wir es tatsächlich mit einem „Universum der Partizipation" zu tun, wie Wheeler behauptet: Wir, als „beobachtende" Subjekte, würden mit unserem Mentalen nicht nur die „belebten Dinge" beeinflussen, die wie wir über mentale Fähigkeiten verfügen, sondern auch jene Dinge, die wir für „unbelebt" hielten, weil sie dem Reich der „Materie" angehören. Wenn jedoch schon das einzelne Materieteilchen über mentale Strukturen verfügt, hat auch die Materie ihren Platz auf der Bühne des Lebens, eine Entdeckung, die wir der Komplexen Relativitätstheorie verdanken.

Blick, Gedächtnis und probabilistisches Verhalten des Lebendigen

Befassen wir uns zunächst mit dem Verhalten der Lebewesen, so wie wir es kennen, um dann unsere Kenntnisse darüber zu vervollständigen und zu vertiefen, indem wir das Verhalten der einzelnen *Materieteilchen* untersuchen, aus denen natürlich jeder lebende Organismus besteht.

Nehmen wir einmal an, Sie haben eben Ihr Haus verlassen und stehen auf der Straße. Was wird Ihr Verhalten „bestimmen"?

Sie haben etwas vor: Sie wollen beispielsweise Ihren Freund Peter besuchen gehen. Sie stehen also auf der Straße und nehmen die Außenwelt mit Ihren Augen, oder allgemeiner mit Ihren Sinnen wahr. Diese Wahrnehmungen werden zu Ihrem Gehirn weitergeleitet und in Ihrem Gedächtnis gespeichert. Ihr Blick, der zuerst der äußeren Welt zugewandt war, um diese wahrzunehmen, wendet sich nun Ihrer „inneren Welt", der Welt Ihres

Gedächtnisses, zu. Ihr Blick (hier stellvertretend für alle Ihre Sinne genannt) bestimmt also Ihr Verhalten, indem er Ihre Außenwelt (die kollektive Realität) zu Ihrer Innenwelt (Ihrem persönlichen Imaginären) in Bezug setzt.

Dieses Imaginäre beinhaltet nicht nur Ihre Erinnerungen an Vergangenes und Gegenwärtiges, sondern auch so etwas wie Erinnerungen an die *Zukunft*: die Fähigkeit, in der Vergangenheit und in der Gegenwart gespeicherte Elemente auf eine „imaginäre" Situation in der Zukunft zu „projizieren", die „rational" gesehen realisierbar scheint. Dieser *Ausblick* auf die Zukunft ist für jedes Verhalten unerlässlich, denn per definitionem ist Verhalten ja eine Bewegung in Raum und Zeit der Realität, durch die eine in der (nahen oder fernen) Zukunft realisierbar scheinende Situation aktualisiert, also verwirklicht wird.

Mit anderen Worten, das Gedächtnis ist nicht nur *Bewahrer* vergangener Ereignisse, die der Blick durch Wahrnehmung der Formen der Realität aufgenommen hat, es ist auch *Quelle zukünftiger Formen* der Realität, die durch das diesen Formen entsprechende Verhalten zum Ausdruck kommen. Die Symbole des Gedächtnisses beziehen sich also nicht nur auf vergangene und gegenwärtige Formen, sondern sie lassen auch zukünftige Formen entstehen. Wieder beobachten wir diese *Kopplung* von Formen und Symbolen!

Vermerkt sei hier allerdings der „probabilistische" Charakter der von den Symbolen unseres Gedächtnisses hervorgebrachten Formen (also Verhaltensweisen). Ich will Peter besuchen, und nachdem ich die Formen der mich umgebenden Außenwelt mit den Symbolen in meiner Innenwelt verglichen habe, wird sich mein Verhalten nach den möglichen *zukünftigen* Formen richten, die ich aus den in meinem Gedächtnis bereits vorhandenen Symbolen konstruiere (ich „sehe" den Weg zu Peter „vor mir"). Doch werden sich diese zukünftigen Formen nur *wahrscheinlich* verwirklichen, denn ich kann in meiner Umgebung (Realität) jederzeit neue Formen entdecken, die mich, nachdem ich sie mit den Symbolen meines Gedächtnisses verglichen habe, zu einem *neuen*, anderen Verhalten veranlassen, d.h. zu einem Verhalten, das nicht zur Aktualisierung der ursprünglich vorgesehenen Formen führt, sondern zu neuen Formen …, die ihrerseits durch von meinem Blick auf genommene andere Formen der Realität einen Augenblick später neuerlich infrage gestellt werden können.

Zusammenfassend können wir also sagen, dass unser Verhalten immer wieder von unserem „Blick" abhängt, der die gegenwärtigen Formen unserer äußeren Umgebung mit den vergangenen, gegenwärtigen oder vorausgesehenen Symbolen unserer Innenwelt (unseres Gedächtnisses) koppelt. In der Realität entstehen dadurch auf „probabilistische“ Weise neue Formen (eben unser individuelles Verhalten).

Freiheit und probabilistisches Verhalten des einzelnen Materieteilchens

Untersucht man den „probabilistischen“ Charakter des Verhaltens der Lebewesen, wie wir ihn eben beschrieben haben, könnte man vielleicht geneigt sein, den Grund dafür in unserer Unfähigkeit zu suchen, *genau* zu erkennen, was die „anderen im Kopf“ haben. Da wir das tatsächlich nicht wissen, können wir es im Zuge der Wahrnehmung unserer Umwelt in unsere Überlegungen nicht einbeziehen, sodass unser Mentales, auch wenn es ein ganz bestimmtes Ziel verfolgt, im Vorhinein nie sicher sein kann, durch welches Verhalten es dieses Ziel zu erreichen vermag, beziehungsweise ob seine Pläne nicht durch das unvorhersehbare Verhalten der anderen durchkreuzt oder zunichte gemacht werden.

Doch wenn man an die Wurzel dieses Probabilismus' geht, d.h. die Verhaltensweisen der einzelnen Teilchen untersucht (da das Verhalten jedes lebenden Organismus ja auf dem Verhalten der ihn bildenden Teilchen beruht), stellt man fest, dass dieser keineswegs nur mit unserer Unkenntnis über die Gedächtnisinhalte der „anderen“ zu tun hat; es handelt sich vielmehr um einen (nicht statistischen) Probabilismus *im engeren Sinn*, der in der *Freiheit* der Teilchen wurzelt.

WO ENTSPRINGT DIE FREIHEIT DER TEILCHEN?

Immer wieder im Verlaufe dieses Buches sind wir ihr begegnet und wollen nun noch einmal auf diese „Freiheit der Teilchen“ zurückkommen, um sie mit dem Begriff der Freiheit auf makroskopischer Ebene, wie wir Menschen sie zu betrachten gewohnt sind, besser vergleichen zu können.

Das Materieteilchen „baut“, wie wir sahen, sein Verhalten im Kleinen ganz genauso auf, wie der lebende Organismus das seine im Großen: sein „Blick“ auf die Umwelt ist seine Psi-Welle, die für das Teilchen jene Informationen (Formen) sammelt, die in dem betreffenden Augenblick in seiner Umgebung vorhanden sind, und zwar als „Initialbedingungen“ der Psi-Welle. Die Psi-Welle ist auch mit der *Innenwelt* des Teilchens, dem Sigma-Gedächtnisfeld, verbunden. Das Sigma-Feld speichert die von der Psi-

Welle in der Außenwelt gesammelten Informationen in seinen Symbolkomponenten und verändert die Psi-Welle selbst: dem Teilchen wird für die nächsten Augenblicke eine bestimmte Anzahl möglicher „Verhaltensweisen" vorgeschlagen. Anders gesagt, die mit dem Sigma-Feld gekoppelte Psi-Welle ist ein „Blick", der *nicht nur* die Formen der Außenwelt aufspürt und im Sigma-Feld speichert, sondern dem Teilchen auch die möglichen zukünftigen Verhaltensweisen „vorschlägt".

Die Wirkung der „Kopplung" zwischen Psi und Sigma geht aus der folgenden Darstellung hervor:

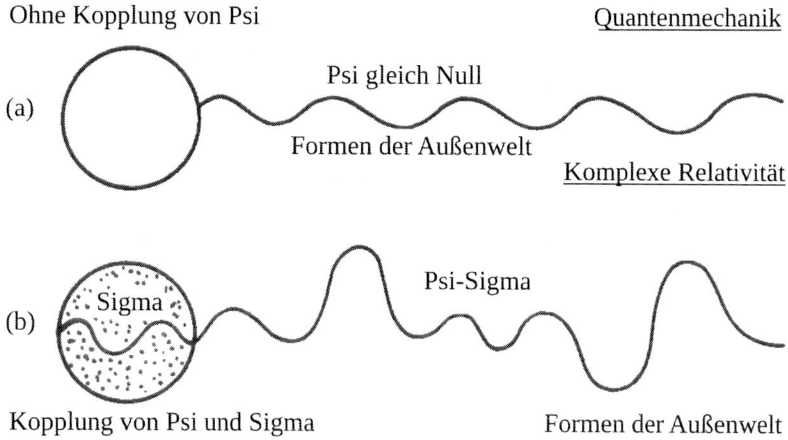

Gäbe es keine Kopplung an Sigma oder wäre Sigma „leer", so entspräche Psi, bei einer gegebenen Verteilung der Formen in der Außenwelt, *genau* jenem Psi, das die orthodoxe Quantenmechanik errechnet: Wir wollen es Psi-Null nennen. Psi-Null hängt ausschließlich von den Formen der das Teilchen umgebenden Außenwelt und von den auf diese Formen einwirkenden physikalischen Gesetzen ab (Abb. a). Verfügt dagegen das einzelne Teilchen über ein Sigma-Gedächtnis, das nicht leer ist, dann wirkt sich die Kopplung von Psi und Sigma auf Psi aus: Psi ist nicht mehr das gewöhnliche Psi-Null der Quantenmechanik. Bei unserer Analyse des Einstein-Podolski-Rosen-Experiments (EPR) im zweiten Kapitel haben wir ein Beispiel dafür gesehen. Das neue Psi (Abb. b) bedingt ein andersartiges Verhalten Psi-Sigma des betreffenden Teilchens, und dieses Verhalten sieht ganz anders aus als das Verhalten unter gleichen Bedingungen im Falle eines leeren Sigma-Gedächtnisses (Psi-Null).

Doch ebenso wie die Psi-Null-Welle der Quantenmechanik ist auch diese neue Psi-Sigma-Welle eine *subjektive* Welle, die dem Teilchen ein streng probabilistisches Verhalten im Sinne der Quantenmechanik (Schule von Kopenhagen) zuschreibt. Das bedeutet, dass ein Mensch, der die Psi-Welle aufgrund der Quantenmechanik berechnet hat, das *genaue* Verhalten des Teilchens im Vorhinein *absolut nicht kennen kann*; und dies gilt ebenso, wenn der Beobachter kein Mensch, sondern das Teilchen selbst ist. Auch wenn sie mit seinem Sigma-Gedächtnis gekoppelt ist, bestimmt nicht seine Psi-Welle allein sein Verhalten. Aus seiner eigenen Psi-Welle kann das Teilchen lediglich auf die wahrscheinlichen Verhaltensweisen einer *großen Zahl* von Teilchen schließen, die alle mit dem gleichen Sigma-Gedächtnis ausgestattet wären und sich zum gleichen Zeitpunkt in einer analogen Außenwelt-Situation befänden. Das Sigma-Gedächtnis beeinflusst sozusagen die Wahrscheinlichkeiten, die für die Summe aller Verhaltensmöglichkeiten gegeben sind, es schränkt die Zahl der Möglichkeiten ein, indem es bestimmte Verhaltensweisen verbietet (deren Wahrscheinlichkeit also gleich Null setzt), anderen dafür aber eine umso höhere Wahrscheinlichkeit verleiht. Eben weil das Gedächtnis manche Verhaltensweisen wahrscheinlicher macht, scheint das Teilchen, das über ein solches Sigma-Gedächtnis verfügt, „zu wissen, was es tut". Das heißt, es wählt *meist* ein „sehr" wahrscheinliches Verhalten. Dennoch bleibt sein Verhalten streng probabilistisch: das Teilchen hat immer die Möglichkeit, beziehungsweise die Freiheit, auch ein Verhalten von beliebig geringer Wahrscheinlichkeit zu wählen (vorausgesetzt, dessen Wahrscheinlichkeit liegt über Null), auch wenn seine Psi-Welle anzeigt, dass ein anderes Verhalten „viel wahrscheinlicher" wäre als das, für welches es sich tatsächlich entschieden hat.

Was ist Freiheit?

Hat dieses probabilistische Verhalten des Teilchens wirklich etwas mit „Freiheit" zu tun? Handelt es sich nicht lediglich um eine von den physikalischen Gesetzen erlaubte oder sogar erzwungene Möglichkeit?

Um diese Fragen zu beantworten, müssen wir einmal mehr auf die „ontologische" Physik zurückgreifen und auf den Begriff des Seienden als die Menge „aller Möglichkeiten". Wenn es möglich wäre, die „Wohlordnung" des Seienden, von der ja bereits ausführlich die Rede war, in die „Mechanik" der Verhaltensweisen einzubringen, dann könnte man zweifellos annehmen, dass das *tatsächliche* Verhalten eines Teilchens (ausgewählt aus der Summe aller möglichen Verhaltensweisen) von der „Wohlordnung" des Seienden abhinge, einer Wohlordnung, die sich quasi als kosmischer

Impuls manifestieren würde, getragen von einem „Blick", der *alle* im Kosmos möglichen Verhaltensweisen erfassen könnte und die individuellen Verhaltensweisen hier in die eine Richtung, dort wiederum in eine andere lenken würde, um letztendlich in Raum und Zeit Formen zu verwirklichen, die insgesamt der globalen kosmischen „Wohlordnung" entsprächen.

Welches aber ist dieser „andere" Blick des Teilchens, der sich von dem an das Sigma-Gedächtnis gekoppelten Psi-Sigma-Blick unterscheidet, von dem vorhin die Rede war, und der *ein* ganz bestimmtes Verhalten aus der Summe der angebotenen Möglichkeiten wählt? Dieser „andere" Blick scheint an das Seiende in seiner Gesamtheit „gekoppelt" zu sein, denn er nimmt jenen „unbeschreibbaren" Impuls wahr, den wir die Wohlordnung des Seienden nannten. Es ist ein zugleich persönlicher und kollektiver Blick, denn er beeinflusst das Verhalten des Einzelteilchens und fördert dadurch die Entstehung von Formen, die einer globalen kosmischen Harmonie entsprechen. Dieser „andere Blick" kann kein anderer sein als der jenes Bewusstseinszentrums, das jedes Teilchen mit dem gesamten Seienden gemein hat und das wir den Geist nannten. Der Geist, dem das Elementarteilchen seine schöpferische Kraft und seine Freiheit verdankt, der Geist des Seienden, der durch seine Geschöpfe *unmittelbar* zum Ausdruck kommt.

Die Freiheit, wie wir sie eben definiert haben, tritt im Teilchenverhalten *immer* zutage. Auch das Sigma-Gedächtnis und sein „Blick", die Psi-Welle, spielen eine Rolle, doch zeigen sie dem Teilchen nur eine *unbegrenzte* Zahl von Verhaltensmöglichkeiten, von denen jede eine bestimmte Wahrscheinlichkeit hat; das Teilchen erfährt die *statistische* Verteilung der wahrscheinlichen Verhaltensweisen einer großen Zahl von Teilchen, die alle über das gleiche Sigma-Gedächtnis verfügen und sich in einer analogen Situation befinden. Aus dieser unbegrenzten Zahl von Verhaltensmöglichkeiten trifft das Teilchen eine *freie Wahl*, wobei der Begriff „frei" auf die unbegrenzte Zahl von Verhaltensmöglichkeiten hinweist, deren Gesamtmenge übrigens als *kontinuierlich* unendlich definiert werden muss. Wir haben bereits im 4. Kapitel auf den Unterschied zwischen der *kontinuierlichen* Unendlichkeit (vergleichbar mit der Summe aller Punkte, unter denen man wählen könnte, bevor man einen bestimmten Punkt auf einer Linie markiert) und der *abzählbaren* Unendlichkeit (vergleichbar mit der Anzahl der Punkte, die man im Verlauf eines unendlichen Zeitraums auf dieser Linie „tatsächlich" markieren könnte) verwiesen. Jedes Teilchen hat also zu jedem Zeitpunkt kontinuierlich unendlich viele Verhaltensmöglichkeiten, *unabhängig* von der Anzahl der Verhaltensweisen, die andere Teilchen in der gleichen Situation wählen. Das bedeutet aber nichts anderes, als dass das Teilchen jederzeit *frei* ist, unabhängig von der ebenfalls freien Wahl der anderen Teilchen sein Verhalten zu bestimmen ... und unabhängig davon, dass unendlich viele dieser anderen Teilchen mit dem gleichen Psi-Sigma durch ihr „frei" gewähltes Verhalten den von Psi-Sigma vorgegebenen statistischen Wahrscheinlichkeiten Genüge tun. Darin besteht die wahre Freiheit: immer unendlich viele Verhaltensmöglichkeiten zur Wahl zu haben, die nicht durch die Verhaltensweisen der „anderen" eingeschränkt sind, jedoch zu akzeptieren, dass *statistisch gesehen* meine eigene Wahl in Verbindung mit der Wahl, die alle anderen treffen, die kosmische „Wohlordnung" respektiert.

Die „kosmische" Freiheit manifestiert sich in jedem Augenblick

Aus dem Gesagten geht hervor, dass die Freiheit, wie wir sie hier definieren, nicht etwas ist, das nur selten und unter besonderen Umständen zum Ausdruck kommt. Diese Freiheit, die so wichtig für das gesamte Universum ist, weil aus ihr das Seiende selbst durch das Verhalten seiner Geschöpfe hindurch spricht. Diese Freiheit also ist nicht etwa ein rares Privileg, nein, sie manifestiert sich *jederzeit*, und zwar im Kleinsten wie im Größten. Stellen wir uns einmal vor, ich befände mich, bewacht von erbarmungslosen Schergen, in der Gewalt eines Richters, der sich anschickt, mich foltern zu lassen. „Frei" im üblichen Sinne des Wortes scheine ich nun wirklich nicht zu sein, vielmehr nur ein armseliger Strohhalm, den der Sturm gleich knicken wird. Und dennoch - kann ich nicht meinen Blick frei schweifen lassen, zu jener Biene beispielsweise, die draußen vor dem Fenster meines Gefängnisses an einer Rose nippt? Darin liegt, aus meiner Sicht, unsere einzig wahre Freiheit, und die besitzen wir alle. Es ist die einzige im „kosmischen" Maßstab definierbare Freiheit, die nicht eingeengt ist von unseren Vorurteilen hier und jetzt. Und wenn manche daran zweifeln, dass das Seiende eine „freie" Welt hervorgebracht hat, bedeutet das nicht so sehr, dass sie das Seiende infrage stellen, sondern es liegt vielmehr an der restriktiven Definition des Begriffes „Freiheit".

DAS „ICH" UND DER GEIST DER TEILCHEN

Wir haben vorhin festgestellt, dass der „Blick" jedes Teilchens *zweifacher* Natur ist: erstens jener der eng mit dem Sigma-Gedächtnis verknüpften Psi-Welle, der das Teilchen in einer bestimmten Situation der Außenwelt vor eine unendlich große Zahl von Verhaltensmöglichkeiten stellt, und zweitens jener andere, den wir den *essenziellen* nennen wollen, denn er ist unmittelbar verbunden mit der Menge aller Möglichkeiten des Seienden. In ihm manifestiert sich die Freiheit, er ist gleichsam ein von der „Wohlordnung“ des Seienden ausgehender Impuls; mit seiner Hilfe wählt das Teilchen aus der unendlichen Fülle der ihm von Psi-Sigma gebotenen Möglichkeiten ein ganz bestimmtes Verhalten. In jedem Augenblick sind *beide* Blicke zugleich wirksam, nicht etwa abwechselnd der eine und der andere: Das Verhalten des Teilchens ist, paradoxerweise, jederzeit frei und zugleich durch sein Sigma-Gedächtnis „konditioniert“.

Wir stoßen hier auf das scheinbare Paradoxon von Ich und Geist. Als das „Ich“ eines Teilchens (aber das gilt genauso für das „Ich“ eines aus vielen Teilchen zusammengesetzten Organismus) wollen wir die „Zweieinheit“ bezeichnen, die aus der Kopplung von Psi und Sigma entsteht: Psi, die Welle, die sich in der Realität ausbreitet, und Sigma, das im Bereich des Imaginären gelegen ist. Psi-Sigma macht, wie wir sahen, dem Teilchen jederzeit alle Verhaltensmöglichkeiten, die ihm in der Raum-Zeit der Realität offen stehen, bewusst, es macht ihm jederzeit seine Außenwelt ebenso bewusst wie seine Innenwelt und sein persönliches „Mitwirken“ auf der Bühne des Universums. Ja, fast könnte das Teilchen vergessen, dass sein Psi-Sigma ihm nur *eine Menge* möglicher Verhaltensweisen anbietet, es jedoch nicht direkt dazu veranlasst, ein *bestimmtes* Verhalten zu *wählen*.

Diese *Wahl*, die immer eine freie Wahl ist, ermöglicht ihm allein der Geist des Seienden, der auch sein EIGENER Geist ist. Er ist das Bewusstseinszentrum, das als „Brücke“ zwischen dem persönlichen Psi-Sigma des Teilchens und der unendlichen Menge der Möglichkeiten des Seienden fungiert. Das Teilchen hat also sowohl ein Ich, das Träger seiner Individualität („Spezifität“) ist, als auch einen Geist, der Träger seiner Freiheit ist. Es nur mit seinem Ich gleichzusetzen, hieße aus dem Teilchen eine Art Roboter zu machen, der von Psi-Sigma programmiert wäre und immer das in Bezug auf sein Sigma-Gedächtnis und die von seiner Psi-Welle „ausgelotete“ Umwelt „wahrscheinlichste“ Verhalten wählen würde. Doch ein solcherart „konditioniertes“ Verhalten gibt es nicht, das lehren uns die experimentellen Beobachtungen des *strikten* Probabilismus, für den die Quantenmechanik seit etwa fünfzig Jahren den Nachweis erbringt. Das Teilchen IST KEIN ROBOTER, es ist nicht nur ein Ich, sondern *auch Geist*, auch wenn die Menschen (die die Geschichte schreiben) dies nur allzu gern vergessen (bei sich selbst und umso mehr bei den Elementarteilchen).

Das Ich verleiht dem Teilchen seine Individualität; seine Persönlichkeit erhält es durch den Geist, durch ihn ist es mit den anderen untrennbar verbunden, untrennbar verbunden mit dem kosmischen Universum, an dem es aktiv Anteil hat. Wir werden gleich sehen, dass es auf der Ebene des Organismus (also einer Vielzahl von Teilchen mit gleichem Ich) eine Entwicklungsstufe des Sigma-Gedächtnisses gibt (rationale Stufe), von der an dieses Ich den Drang verspürt, sich auf die Suche nach den Quellen (dem Blick) seines Geistes zu machen.

DIE EVOLUTIONSSPRÜNGE DES VERHALTENS

Die Eigenschaften des Sigma-Gedächtnisfeldes

Wie wir sahen, ist das Sigma-Gedächtnisfeld elektromagnetischer Natur, es ähnelt, zumindest in seiner ersten Entwicklungsphase, dem gewöhnlichen Licht, wie wir es aus der uns umgebenden realen Raum-Zeit kennen. Allerdings besitzt Sigma zwei wesentliche Eigenschaften, die in der Darstellung des „gewöhnlichen" Lichtfeldes nicht erscheinen:

a. Das Sigma-Feld weist sowohl eine Rotations- (Spin) als auch eine Pulsationsstruktur (Puls) auf und hat daher 216 Komponenten (Symbole), statt nur 16 wie das „gewöhnliche" Licht. Diese zusätzlichen Komponenten geben dem Teilchen bereits auf der niedrigsten Gedächtnisstufe die Möglichkeit, Erinnerungen zu speichern, und zwar in Gestalt der „Initialbedingungen" dieser zusätzlichen Symbole. Die Initialbedingungen der ersten 16 Komponenten sind die gewöhnlichen Bedingungen des rein physikalischen Milieus, in dem sich die gewöhnliche elektromagnetische Welle ausbreitet (Maxwellsche Gleichungen im Riemannschen Raum).

b. Das Sigma-Feld ist in ein Mikro-Universum mit *negativer* Zeit eingeschlossen, daher kann es Stufen *höherer* Komplexität erreichen als jene „Grundstufe", die wir unter a. beschrieben haben (Spin und Puls gleich 1). Dies führt dazu, dass die Komponenten (Symbole) von 256 (16 zum Quadrat, Spin-1, siehe a.) auf 65 536 (16 hoch 4), dann auf 4.3 Milliarden (16 hoch 8), dann auf 18 Milliardenmilliarden (16 hoch 16) „springen", und so fort in aufeinanderfolgenden Stufen, wobei die Hochzahl von 16 sich jedes Mal verdoppelt (wie die Komplexe Relativitätstheorie beweist). Wir bezeichnen ein solches Sigma-Feld, das die Anzahl seiner Symbolkomponenten durch plötzliche „Sprünge“ immer weiter vermehren kann, als *elektromagnetisches Fusionsfeld*. Es liegt auf der Hand, dass eine solche plötzliche Vermehrung der verfügbaren Symbole (welche vergangene, gegenwärtige oder vorausgesehene Formen in Gestalt von Initialbedingungen zu speichern vermögen) von einer ebenso sprunghaften Erweiterung des Teilchenbewusstseins begleitet ist. Wir wollen diese sprunghaft ansteigenden Bewusstseinsstufen, denen jeweils sehr *verschiedene Verhaltensmuster* (je nach Komplexitätsgrad des Sigma-Feldes) entsprechen, kurz aufzählen.

Das symmetrische Verhalten

Das einzelne Neutrino, das sich im Raum der Realität bewegt, ist ein wichtiges Beispiel für diesen Verhaltenstypus, denn es kann nie über diese (einfachste) Bewusstseinsstufe hinausgelangen.

Wir haben es hier mit einem Fall zu tun, in dem das Teilchen ausschließlich jene Initialbedingungen gespeichert hat, die nötig sind, um die 16 gewöhnlichen Komponenten (Symbole) des sogenannten „Maxwellschen“ elektromagnetischen Feldes hervorbringen zu können. Die Struktur des Sigma-Feldes entspricht in diesem Fall genau der Psi-Welle der Quantenmechanik (welche die gleichen 16 Komponenten aufweist) – bis auf den Umstand, dass die Komplexe Relativitätstheorie diese 16 Komponenten im *Riemannschen Raum* beschreibt –, doch diese Besonderheit (wiewohl sie wichtig ist) können wir zunächst einmal beiseitelassen. Psi und Sigma sind hier also vollständig gekoppelt, da ihre Komponenten einander genau entsprechen. Bei einem solchen „symmetrischen“ Verhalten kommt es zu keiner Speicherung im eigentlichen Sinn, denn die durch die Struktur der Außenwelt gegebenen Initialbedingungen, die Psi sammelt, werden einfach an Sigma weitergeleitet und unmittelbar danach durch neue von Psi „geortete“ Komponenten ersetzt.

In diesem Fall ist das Sigma-Gedächtnisfeld tatsächlich so „leer“, wie die herkömmliche Physik das bisher für *alle* Teilchen annahm.

Dadurch dass ihr Gedächtnis leer ist, verletzen Teilchen dieser Art niemals die Gesetze der „Symmetrie“ (vor allem nicht die Paritätserhaltungssätze), die in der Zeit vor der Komplexen Relativitätstheorie von der Quantenmechanik aufgestellt wurden, einer Quantenmechanik, die vom Vorhandensein eines Sigma-Gedächtnisfeldes nichts wusste ..., was darauf hinauslief, dieses Gedächtnis als *immer* „leer“ zu betrachten.

Das asymmetrische Verhalten

Doch hatte, wie wir wissen, die vorkomplexe Physik unrecht, denn nicht bei allen Teilchen ist das Gedächtnis leer. Die erste Speicherungsetappe besteht darin, dass die 256 - 16 = 240 Komponenten des Sigma-Feldes der niedrigsten Komplexitätsstufe (Spin und Impuls gleich 1) zu Initialbedingungen ungleich Null „aufgeladen“ werden.

Das Teilchen wird sich daraufhin ein wenig anders verhalten als ein solches mit „leerem“ Gedächtnis, und zwar aufgrund der Kopplung seines „nicht leeren“ Sigma-Feldes und der Psi-Welle, von der die Menge aller möglichen Verhaltensweisen des Teilchens erfasst wird. Dadurch dass Sigma nicht leer ist, wird die Aufteilung der von Psi angegebenen Verhaltenswahrscheinlichkeiten verändert, sodass nun den von Sigma „suggerierten“ Wahrscheinlichkeiten der Vorzug gegeben wird. Letztendlich liegt dann, wie wir gesehen haben, das *tatsächliche* Verhalten des Teilchens in dessen freier Wahl begründet.

Das einzelne *Photon*, das sich im Raum der Realität bewegt, ist ein wichtiges Beispiel für diesen Verhaltenstypus. Das Photon kann über die dem asymmetrischen Verhalten entsprechende Bewusstseinsstufe nie hinausgelangen. Dennoch (wie das EPR-Experiment mit einem „Photonen-Zwillingspärchen“ zeigt) verfügt das Photon in seinem Sigma-Feld über 256 Symbolkomponenten, sodass sein Verhalten bereits von seinem „Gedächtnis“ beeinflusst wird.

Im zweiten Kapitel haben wir anhand der Auslegung, die die Komplexe Relativitätstheorie dem Einstein-Podolksi-Rosen (EPR)-Experiment gibt, gesehen, wie sich die Existenz eines „nicht leeren“ Sigma-Gedächtnisses auswirken kann. Zwei Teilchen (in diesem Fall Protonen) mit „nicht leerem“ und *gleichem* Gedächtnis (zu Beginn des Experiments war ein „Gedächtnisaustausch“ dadurch erfolgt, dass sich die Teilchen in einem gemeinsamen Magnetfeld antiparallel ausrichteten) diese zwei Teilchen also hatten sich angesichts derselben Situation in ihrer Außenwelt (eine offene und eine geschlossene Tür) stets beide gleich verhalten (beide benutzten die offene Tür oder ließen sich von der geschlossenen aufhalten), was den Vorhersagen der „gewöhnlichen“ Quantenmechanik widerspricht, gemäß der die Teilchen sich voneinander unabhängig verhalten müssten (was auch der Fall wäre, wenn sie kein Gedächtnis hätten).

Im Allgemeinen bewirkt gleiches Gedächtnis in gleichen Situationen auch gleiches Verhalten der Teilchen, und das zerstört die „Symmetrie“ der Verhaltensweisen, die man an Teilchen mit „leerem“ Gedächtnis (oder nicht existentem Gedächtnis, wie die Physik vor der Komplexen Relativitätstheorie annahm) beobachtet. Die „Symmetrien“ spielen bekanntlich eine wichtige Rolle bei der Formulierung der physikalischen „Gesetze“, denn sie ermöglichen eine „Katalogisierung“ gewisser Verhaltensweisen, wenn man berücksichtigt, dass bestimmte Symmetrien „erhalten“ bleiben müssen. Die Entdeckung asymmetrischer Verhaltensweisen legte man daher als „Verletzung“ der Gesetze von der Erhaltung der Symmetrie aus. Ein solcher Fall war das vorhin geschilderte EPR-Experiment, ein anderer ereignete sich vor dreißig Jahren, als die Durchbrechung des Prinzips der Parität experimentell festgestellt wurde. Dies war damals eine so verblüffende Entdeckung, dass die beiden Sino-Amerikaner Lee und Yang noch im *selben Jahr* (1957) den Physik-Nobelpreis dafür erhielten. (Solch rasches Reagieren ist höchst selten, Einstein musste mehr als zwanzig Jahre auf den Nobelpreis für seine Relativitätstheorie warten!) Die Verletzung der Parität wurde an den Elektronen des radioaktiven Kobalts 60 beobachtet, die beim Zerfall in die dem Spin entgegengesetzte Richtung emittiert werden: sie hatten also beim Verlassen des Kobaltkerns teilweise die „falsche Richtung gewählt“ ... das ist so, als würde die Sonne mit einem Mal an einem Ende ihrer Rotationsachse mehr Licht abgeben als an dem anderen. Alle diese Asymmetrien, die an die vielfältigen Verhaltensweisen der Lebewesen erinnern (wo diese Vielfalt uns nicht im geringsten überrascht), deuten darauf hin, dass bereits auf der Stufe der einzelnen Materieteilchen etwas existiert, von dem wir bisher meinten, es sei den Lebewesen vorbehalten: ein Gedächtnis.

Das instinktive Verhalten

Wieder ist eine neue Stufe erklommen, das Gedächtnis verfügt nun „potenziell“ über 65 536 Symbolkomponenten, um mithilfe der Kopplung Psi-Sigma die Gesamtheit seiner Verhaltensweisen zu bestimmen.

Wir gehen hier einfach von der Annahme aus (die später einmal Gegenstand „detaillierterer“ experimenteller Forschungen werden könnte), dass dieser „instinktive“ Verhaltenstypus charakteristisch für jene Teilchen ist, die *pflanzliche und tierische* Organismen bilden. Die erhöhte Komplexität des Gedächtnisses scheint hier übrigens „von Generation zu Generation“ übertragen zu werden (angeborener „Instinkt“): der tierische Organismus scheint seinen Nachkommen nicht nur die Bewusstseinsstufe seines Sigma-Feldes (also die 65 536 Symbole, nach denen er sein Verhalten „ausrichten“ kann) zu übertragen, sondern auch einen Großteil der mit diesen Symbolen verknüpften *Initialbedingungen*, d.h. das „Know-how“, wie man sich in einer bestimmten Außenwelt-Situation zu verhalten habe. Das würde erklären, warum die Tiere von Geburt an ein instinktives Wissen besitzen (der Jungvogel weiß, dass er nicht aus dem Nest fallen darf). Dieses „angeborene" Know-how scheint auf der darüber liegenden „rationalen" Bewusstseinsstufe, von der gleich die Rede sein wird, großteils verloren gegangen zu sein.

Auf der „instinktiven" Entwicklungsstufe trifft man auf höchst unterschiedliche Verhaltensweisen, die wahrscheinlich auf unterschiedliche „Symbol-Füllungen" des Sigma-Gedächtnisses zurückzuführen sind. So kann man etwa annehmen, dass ein Tier über mehr Symbole (mit Initialbedingungen ungleich Null) verfügt als eine Pflanze. Doch um derlei Unterscheidungen zu treffen, bedürfte es natürlich umfangreicher Untersuchungen, die bisher noch nicht angestellt wurden. Da gibt es zum Beispiel eine kleine einzellige Grünalge namens Chlamydomonas, die eigentlich ihrer photosynthetischen Eigenschaften wegen zum Pflanzenreich gerechnet werden müsste, die sich aber auch wie ein Tier mithilfe einer Art „Schwimmflosse" in der sie umgebenden Flüssigkeit rasch fortbewegen kann. Sollen wir nun annehmen, dass dieses Chlamydomonas weniger Sigma-Gedächtnis (weniger „Bewusstsein") hat als beispielsweise irgendein Bakterium? Auf diese Fragen gibt es sicher Antworten, doch bedürften sie einer soliden Untermauerung durch spezifische Experimente und Untersuchungen.

Das rationale Verhalten

Dass der Mensch, so wie wir ihn hier auf Erden kennen, über wesentlich mehr Gedächtnissymbole verfügt als die pflanzlichen oder tierischen Organismen auf der Entwicklungsstufe unter ihm, scheint hingegen außer Zweifel zu stehen. Der „Sättigungsgrad" der instinktiven Stufe wäre demnach überschritten, und es stünden nun zumindest potenziell 4.3 Milliarden Symbole zur Verfügung. Das bedeutet zwar nicht, dass *alle* Organismen (oder Einzelteilchen), die die instinktive Stufe überschritten haben, nun tatsächlich *alle* 4.3 Milliarden Symbole „verwirklichen" (d.h. mit Initialbedingungen $\neq 0$ koppeln), doch ist das Sigma-Psi des „rationalen" menschlichen Verhaltens in jedem Fall inkommensurabel mit dem instinktiven Verhalten eines Tieres, wie hoch entwickelt manches tierische Verhalten und wie „primitiv" manches menschliche Verhalten auch sein mögen.

Allerdings – wir erwähnten es bereits – scheint gerade der hohe Komplexitätsgrad des Sigma-Feldes auf dieser Stufe die erbliche Weitergabe des „rationalen“ Know-hows, das ein Organismus im Laufe seines Lebens gesammelt hat, zu verhindern; das rationale Verhalten entspringt offenbar nur in sehr geringem Maß „angeborenem“ gespeicherten Wissen, sondern beruht vielmehr auf einem Wissen, das der Organismus (oder die Zelle) im Verlauf seines eigenen Lebens „erworben“ hat.

Doch kommen wir auf die Frage, ob nicht doch auch der Mensch über angeborenes Wissen verfügt, am Ende dieses Kapitels noch einmal zurück, wo wir uns mit dem *kollektiven Unbewussten* beschäftigen werden, das dem menschlichen Sigma-Gedächtnisfeld eigen ist.

Doch auch hier gilt es, nichts zu übereilen und zunächst nur die großen Linien herauszuarbeiten, nach denen sich künftige Forschungen orientieren können. Wir dürfen nicht vergessen, dass wir ja erst lernen müssen, mit den Folgen der Entdeckung des Teilchengedächtnisses und des durch Psi und Sigma bestimmten Verhaltens umzugehen. Hier stehen wir erst ganz am Anfang eines langen Prozesses.

Und danach?

Es ist absolut unmöglich, diese Frage zu beantworten. Wie wird das „post-menschliche“ Verhalten aussehen? Gibt es „irgendwo“ im Universum bereits Beispiele für ein „hyper-rationales“ Verhalten? Wie lange wird es dauern, bis auf unserem Planeten Organismen dieser „übermenschlichen“ Bewusstseinsstufe entstehen? Vielerlei Träumereien kann man sich in diesem Zusammenhang hingeben, aber das ist auch schon alles. Ebenso wie das Tier bereits „menschliche“ Mentalfähigkeiten haben müsste, um von seiner Bewusstseinsstufe auf die „menschliche“ Entwicklungsstufe schließen zu können, ist es für uns quasi unmöglich, jetzt schon zu „erraten“, worin sich das Bewusstsein der nächsten Evolutionsstufe von dem unseren unterscheiden wird. Wir können den Unterschied zwischen dem Menschen und dem, was nach ihm kommt, lediglich dadurch veranschaulichen, dass wir angeben, über wie viele Symbole das Gedächtnisfeld dieser Wesen verfügen wird: Es sind 18 Milliarden Milliarden!

Der Vollständigkeit halber sei noch erwähnt, dass die 4.3 Milliarden Symbolkomponenten auf unserer „rationalen“ Stufe ungefähr der Anzahl der Neuronen im menschlichen Gehirn entsprechen. Doch es ist nicht sicher, dass diese Analogie etwas zu bedeuten hat. Auch hier wird es noch gründlicher Untersuchungen bedürfen, um alle Fragen zu beantworten.

In jedem Verhaltenstypus gibt es den zweifachen Blick des Individuellen (Ich) und des Persönlichen (Geist)

Es ist sehr wichtig, diesen Punkt auch wirklich gut zu verstehen. Jedem Verhalten, dem „einfachsten“ symmetrischen ebenso wie dem „kompliziertesten“ rationalen, liegt dieser *doppelte* Blick zugrunde: der unseres Ich (Gesamtheit aller Verhaltensmöglichkeiten Psi-Sigma) und der unseres Geistes (tatsächlich frei gewähltes Verhalten, in dem die „Wohlordnung“ des Seienden zum Ausdruck kommt). Auf den letzten Seiten dieses Buches werden wir uns mit der Tatsache beschäftigen, dass wir auf unserer rationalen Entwicklungsstufe die Fähigkeit zu besitzen scheinen, den einen Blick im Vergleich zum anderen zu „intensivieren“. Dabei wird von der unserem Geist eigenen schöpferischen Kraft (Intuition) nochmals die Rede sein und von der „interaktiven“ Hilfe „der anderen“ (insbesondere der Kultur), die uns erlaubt, die Verhaltensmöglichkeiten unseres Ichs zu bereichern. Doch muss uns dabei immer klar sein, dass dieser zweifache Blick nicht das Privileg der „bewusstesten“ Wesen ist, keine außerordentliche Eigenschaft, sondern vielmehr etwas, das *allen* Elementen unseres Universums eigen ist, vom einzelnen Teilchen bis zum kompliziertesten Organismus, unabhängig von der Entwicklungsstufe, auf der sie sich gerade befinden. Aus dem Ich und dem Geist setzt sich der „zweifache Blick“ des Seienden zusammen, ja sie sind recht eigentlich „das Leben“ des Seienden.

Ratio und Intuition

Von den 65 536 potenziellen Symbolkomponenten der instinktiven Stufe zu 4.3 Milliarden auf der rationalen Stufe: ein gewaltiger Sprung!

Dennoch haben wir schon im 4. Kapitel darauf hingewiesen, dass die rein „rationalen“ Eigenschaften des Mentalen nicht nur Vorteile haben. Wir haben gehört, dass sich das rationale Verhalten der sogenannten „Gruppenlogik“ bedient, die *immer zu Widersprüchen* führt: indem man alle Folgen („Theoreme“) einer gegebenen Axiomatik zu entdecken sucht, muss man letztendlich, folgt man der „Gruppenlogik“, zu dem Schluss gelangen, dass eine Behauptung ebenso „wahr“ ist wie die gegenteilige Behauptung. Der Mathematiker Kurt Gödel hat, wie wir wissen, dieses paradoxe Ergebnis, zu dem die „natürliche“ (wenn auch extrem konsequente) Anwendung der Ratio zwangsläufig gelangt, bereits zu Beginn unseres Jahrhunderts bewiesen.

Gegen Ende dieses Kapitels werden wir außerdem auf eine weitere unangenehme Folge eines Verhaltens stoßen, das sich ausschließlich auf die Ratio stützt, also nur mithilfe der Gruppenlogik Folgerungen zieht. Wir werden feststellen müssen, dass ein solches Verhalten zu einer übertriebenen Entwicklung des Ichs führt, wobei wir mit „Ich“ den „bewussten“ Anteil eines Organismus bezeichnen, im Gegensatz zum „Selbst“, das Bewusstsein und Unbewusstes (und zwar das persönliche und das kollektive) in sich vereint. Dabei werden wir sehen, dass es, besonders im menschlichen Verhalten, gefährlich ist, das „Selbst“ zugunsten des „Ich“ zu vernachlässigen.

Aus alledem ersehen wir bereits jetzt, dass das rationale Verhalten mit der Ratio (und ihrer Gruppenlogik) allein nicht auskommen kann, sondern dass es auch einer anderen Annäherungsweise an seine Innenwelt (Imaginäres) und seine Außenwelt (Realität) bedarf, um die „Mängel“ der reinen Ratio auszugleichen, nämlich der *Intuition*.

Immer wieder wurde behauptet, die intuitive Vorgangsweise sei nicht „rational“. Dem wollen wir auf das entschiedenste widersprechen. Der Mensch ist ein „rationales“ Tier, mit „rationalem“ Verhalten begabt, einem Verhalten, das der Vielzahl der Symbolkomponenten in seinem Sigma-Gedächtnis entspringt ..., und er kann nicht plötzlich beschließen, auf die Verwendung dieser riesigen Menge von Sigma-Symbolkomponenten zu verzichten. Die intuitive Annäherung an seine Welt bedeutet für den Menschen daher nicht, sich „nicht rational“ zu verhalten (und noch viel weniger, sich irrational zu verhalten), sondern lediglich, sich anstelle der Gruppenlogik einer *anderen* Logik zu bedienen, der Booleschen Logik.

Diesen wichtigen Punkt haben wir bereits im 4. Kapitel behandelt und gesehen, dass diese vom Mathematiker George Boole gegen Ende des vorigen Jahrhunderts entwickelte Logik sich dazu eignet, die „Wohlordnung“ des Seienden zu ergründen und die Widersprüche der Ratio zu „überwinden“, indem die Beziehungen zwischen den Symbolen des Sigma-Gedächtnisfeldes verändert werden. Die Gruppenlogik, auf der die Ratio basiert, beruht auf der *Unterscheidung* zwischen mehreren Behauptungen (ein Ding kann nicht gleichzeitig das sein, was es ist, und zugleich etwas anderes, schon gar nicht sein Gegenteil). Die Boolesche Logik dagegen geht von vornherein davon aus, dass ein Ding gleichzeitig das ist, was es ist, und sein „Komplement“, das heißt das, was ihm zum Ganzen fehlt (wobei in diesem Komplement klarerweise auch das Gegenteil dieses Dinges enthalten ist). Verallgemeinernd kann man sagen, dass dem orientalischen Denken die Gruppenlogik relativ fremd ist, während die Boolesche Logik vor allem westliche Denker überrascht.

Abschließend möchte ich nochmals wiederholen, dass die *beiden Logiken* einander ergänzen; die Intuition greift dort ein, wo das rationale Verhalten seine Darstellung der äußeren oder der inneren Welt weiter vertiefen möchte. Das rationale Verhalten gehorcht also nicht nur einer Logik, sondern zweien: der Ratio und der Intuition.

VOM TEILCHEN ZUM ORGANISMUS

Alles bisher Gesagte, das auf den Forschungen und Forschungsergebnissen der Komplexen Relativitätstheorie beruht, bezog sich im Wesentlichen auf das *einzelne* Teilchen und seine Wechselwirkungen mit anderen Einzelteilchen. Wir Menschen sind jedoch riesige Ansammlungen solcher Teilchen, die in einer Struktur, die wir unseren Organismus nennen, harmonisch zusammenzuwirken scheinen. Ganz allgemein möchten wir jede Struktur als *Organismus* bezeichnen, in der zahlreiche Einzelteilchen „harmonisch" zusammenwirken und solcherart eine „Einheit" bilden.

Dabei erhebt sich allerdings folgende Frage: Kann man einfach behaupten, der Organismus habe, nur weil er aus Einzelteilchen „gemacht" ist, die gleichen (oder zumindest „ähnliche") Eigenschaften und Fähigkeiten wie diese Teilchen?

Um diese Frage zu beantworten, kommen wir auf die Fähigkeit der Teilchen, sich zu vereinigen zurück, von der im zweiten Kapitel bereits ausführlich die Rede war.

Die Vereinigung der Teilchen und der „Gedächtnisaustausch"

Rufen wir uns zunächst in Erinnerung, worum es bei der Vereinigung geht, die eine der vier wesentlichen Fähigkeiten des Teilchens ist (schöpferische Fähigkeit, Speicherung, Wechselwirkung und Vereinigung).

Zur Vereinigung kommt es dann, wenn zwei Teilchen so nebeneinander zu liegen kommen, dass ihre Spinachsen parallel, aber in entgegengesetzter Richtung verlaufen. In diesem Fall bilden sie das, was die Physiker ein *Spin 0-System* nennen. Die folgende Abbildung zeigt eine solche Vereinigungslage:

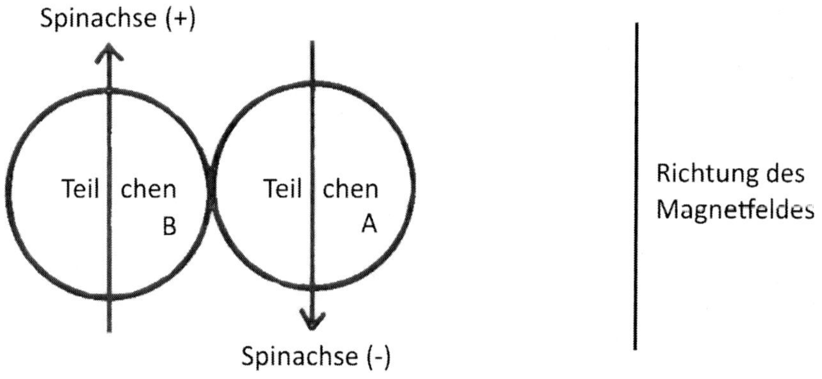

Nun wissen wir, dass das Teilchen sich „kreiselartig“, etwa so wie die Sterne und Planeten, um die eigene Achse dreht. Diese Achse, als *Spinachse* bezeichnet, kann, je nach dem Drehsinn der Rotation, in zwei Richtungen weisen. Verlaufen die Spinachsen parallel, aber in entgegengesetzter Richtung, nennt man sie „antiparallel“ und bezeichnet den Gesamtspin der zwei Teilchen als Spin 0. In dieser Lage kommt die Fähigkeit der Teilchen, sich zu vereinigen, zum Tragen.

Zur Vereinigung ist es nötig, dass die zwei Teilchen in einem ausreichend starken Magnetfeld liegen. Der Spin zwingt das Teilchen, sich wie ein winziger Magnet zu verhalten, dessen Nord- und Südpol an den beiden Enden der Spinachse liegen. Bekanntlich neigt so ein Magnet, wenn er von einem Magnetfeld umgeben ist, dazu, sich so auszurichten, dass seine Nord-Südrichtung parallel zur Nord-Südrichtung des umgebenden Magnetfeldes verläuft. Je stärker das umgebende Magnetfeld ist, desto genauer parallel (oder anti-parallel) dazu richtet sich die Spinachse des Teilchens aus. Kommen die Teilchen nun so zu liegen, dass ihre Spinachsen antiparallel verlaufen, Nord-Süd-Achse des einen parallel zur Süd-Nord-Achse des anderen, dann findet ihre „Vereinigung“ statt. Allerdings ist dazu unter Umständen – je nach der Anregungsenergie der zwei Teilchen – ein *sehr starkes* Magnetfeld nötig, das die Teilchen für die Dauer der Vereinigung genau parallel (oder antiparallel) hält.

Das Ergebnis einer solchen Vereinigung ist ein „Gedächtnisaustausch“ zwischen den Teilchen: Besitzt vor der Vereinigung das eine Teilchen das Sigma-Gedächtnis A und das andere das Sigma-Gedächtnis B, haben nach der Vereinigung beide Teilchen ein Gedächtnis gleich A + B. Nach der Vereinigung verfügen also beide Teilchen über die gleichen Symbolkomponenten, jedes Teilchen hat seinem Gedächtnis das des anderen *hinzuge-*

fügt, ohne dabei von seinem ursprünglichen Gedächtnis etwas eingebüßt zu haben.

Wenn sich nach der Vereinigung nun beide Teilchen in derselben Außenwelt bewegen, so stehen ihnen (aufgrund ihres identischen Psi-Sigmas) bei der Wahl ihres individuellen Verhaltens dieselben Verhaltensmöglichkeiten offen.

Hier kommt nun die Freiheit der Teilchen ins Spiel, denn die Identität ihrer Gedächtnisse bedingt nicht, dass sie sich von nun an „immer" gleich verhalten werden; die beiden Teilchen wählen ihr Verhalten lediglich aus *derselben* Gesamtheit möglicher Verhaltensweisen (*kooperative* Verhaltensweisen). Sehen wir uns diesen kooperativen Aspekt des Verhaltens ein wenig näher an.

Was würde passieren, wenn sich *sehr viele* Teilchen (einige Milliarden etwa) auf die geschilderte Weise vereinigten, also dasselbe Sigma-Gedächtnis hätten? Das wäre dadurch zu bewerkstelligen, dass man zum Beispiel von *einem* Teilchen mit dem Gedächtnis P (Eltern-Teilchen) ausginge, dessen Bewusstseinsniveau schon recht hoch ist, und dieses mit Milliarden anderer Teilchen mit faktisch leerem Sigma-Gedächtnis zusammenbrächte. Nach erfolgter Vereinigung zwischen allen Teilchen – jeweils zwei und zwei – hätten alle das Gedächtnis P des Eltern-Teilchens. Wie verhalten sich diese Teilchen nun, wenn sie alle von derselben Außenwelt umgeben sind? Ihre individuellen Verhaltensweisen werden sich gemäß dem gleichen Psi-Sigma *verteilen*, und zwar nach jener statistischen Wahrscheinlichkeit, die durch die Welle Psi-Sigma angegeben wird. Nennen wir der Einfachheit halber die 4 wichtigsten diesem Psi-Sigma entsprechenden Verhaltensmöglichkeiten a, b, c und d (Psi-Sigma selbst gibt deren jeweilige statistische Wahrscheinlichkeit an). Alle vorhandenen Teilchen werden nun – nach ihrer *freien Wahl* – eine (und nur eine) der zur Auswahl stehenden Verhaltensweisen a, b, c oder d „ausführen". Wenn nun jedes dieser Verhalten a, b, c und d der Erfüllung einer bestimmten Aufgabe in der umgebenden Außenwelt entspricht, so kann man sagen, dass alle Teilchen mit gleichem Psi-Sigma kontinuierlich *die Gesamtmenge aller Funktionen* a, b, c und d erfüllen. Die Teilchen kooperieren, um gemeinsam die Funktionen a, b, c und d zu erfüllen.

Es ist nicht schwer zu erkennen, wie diese Fähigkeit der Teilchen, sich zu vereinigen und solcherart „harmonisch zusammenzuwirken", die Entstehung eines Organismus ermöglicht: wenn die „Lebensfähigkeit" eines Organismus voraussetzt, dass n Funktionen a, b, c ... n gleichzeitig und kontinuierlich erfüllt werden, so bedarf es anfangs zumindest *eines* P-Teilchens als Eltern-Teilchen. Diesem Teilchen muss durch sein Sigma-Gedächtnis P in einem Milieu 0 eine bestimmte Menge von Verhaltensmöglichkeiten geboten werden, die der Menge der Funktionen/Verhalten a, b, c, ... n entspricht. Nun können – durch wiederholte Vereinigungen, ausgehend vom Elternteilchen P – *Milliarden* Teilchen mit dem gleichen Sigma-Gedächtnis „erzeugt“ und innerhalb des Milieus 0 „freigelassen“ (oder eingesperrt) werden …, wodurch 0 zum Organismus wird, in dem alle Teilchen zusammenarbeiten, um durch ihre kooperativen Verhaltensweisen *alle* für das „harmonische“ Funktionieren des Organismus 0 nötigen Funktionen a, b, c, ... n zu erfüllen.

Dies ist natürlich nur eine äußerst vereinfachte Darstellung der Bildung solch „kooperativer“ Strukturen, mit deren Hilfe ein bestimmter Organismus 0 sich entwickeln und funktionieren kann. Doch eines der wesentlichsten Merkmale *jedes* lebenden Organismus wird daraus sofort ersichtlich: *jede* seiner Zellen – das wissen wir aus der Biologie – trägt das gleiche genetische „Gepäck“. Und nun lehrt die Komplexe Relativitätstheorie, dass diese „genetische Identität“ des lebenden Organismus in einer noch viel tieferen Identität wurzelt: in jener der Teilchen-Gedächtnisse, die zu seiner Bildung und seinem Funktionieren zusammenwirken.

Wir können daher folgende Definition des Organismus geben: *Ein Organismus ist der Zusammenschluss einer sehr großen Zahl einzelner Teilchen in einem geschlossenen und genau abgegrenzten Raum 0, wobei jedes der zusammenwirkenden Teilchen das gleiche Sigma-Gedächtnis besitzt, das wir Eltern-Gedächtnis P nennen. Aufgrund der Struktur von Sigma (seiner Symbolkomponenten) sind innerhalb des Organismus 0 bestimmte Verhaltensmöglichkeiten gegeben, die es der Gesamtheit aller mit dem Eltern-Gedächtnis P versehenen Teilchen gestatten, zusammenzuwirken, damit alle zum ordnungsgemäßen Funktionieren des Organismus 0 nötigen Funktionen kontinuierlich und gleichzeitig erfüllt werden.*

Das Ich des Organismus

Nun verstehen wir, warum das, was wir über die Fähigkeiten und Eigenschaften des einzelnen Teilchens erfahren haben, in gleicher Weise für das „Organische“ gilt, d.h. für alle räumlich begrenzten Gebilde, die wir als *Lebewesen* bezeichnen. Der Organismus ist gleichsam ein besonders „großes“ Teilchen, denn *alle* Teilchen, aus denen er besteht, haben *das gleiche* Psi-Sigma. Wir hatten das Psi-Sigma des Teilchens als „Ich“ bezeichnet, und können nun in gleicher Weise vom „Ich“ des Organismus in seiner

Gesamtheit sprechen. Der Organismus bildet eine echte *Einheit*, wir können von seinem bewussten Ich ebenso sprechen, wie wir vom bewussten Ich des einzelnen Teilchens sprachen. Und auch der zu diesem Ich gehörige Geist, das Bewusstseinszentrum, das dieses Ich „betrachten" kann und es mit dem Seienden (der Gesamtheit aller Möglichkeiten) verbindet, lässt sich genauso definieren wie für das einzelne Teilchen. Die spezifischen Eigenschaften des Organismus sind denen des Teilchens sehr ähnlich, wenn nicht mit ihnen identisch: schöpferische Fähigkeit, deutungsfähige Speicherung, physikalische Wechselwirkungen mit der Außenwelt. Sogar die Vereinigung, die wegen ihrer ganz speziellen Voraussetzungen dem Teilchen vorbehalten zu sein scheint, hat im Ich des Organismus ihre Entsprechung, nur nennt man sie hier meist *Liebe*. Denn die Liebe – folgt man den Definitionen in den Lehrbüchern der Philosophie –, ist die „direkte Kommunikation von Bewusstsein zu Bewusstsein zwischen zwei Wesen". Ist nicht auch die Vereinigung, der „Gedächtnisaustausch" zwischen zwei Teilchen, eine direkte Kommunikation von Bewusstsein zu Bewusstsein? Und wenn wir sehen, dass diese Vereinigung zur Folge hat, dass die große Gemeinschaft der Teilchen in einem Organismus zu harmonischem, kooperativem Verhalten veranlasst wird, müssen wir dann nicht endlich den tieferen Sinn jener geistigen Botschaft verstehen, die uns auffordert, unseren Nächsten immer mehr zu lieben, damit unser Planet und letztlich der gesamte Kosmos zu einer Welt der Einheit und Harmonie wird?

SYMBOL, ARCHETYP UND KOMPLEX

Ausgehend von der Erkenntnis, dass das „Modell" des Teilchenverhaltens fast unmittelbar auf das Ich des Organismus, vor allem jenes Organismus, den wir den „menschlichen" nennen, übertragbar ist, ist man versucht, einige Begriffe aus der menschlichen Psychologie durch den Vergleich mit der Funktionsweise des Teilchen-Ichs genauer unter die Lupe zu nehmen.

In diesem Zusammenhang drängte sich mir ein Name geradezu auf: Carl Gustav Jung. Dieser Schweizer Psychologe ist auf intuitivem Weg zu psychologischen Theorien gelangt, die fast unverändert in die von der Komplexen Relativitätstheorie eröffnete Gedankenwelt übernommen werden können: Begriffe wie Archetyp, Symbol oder Komplex, denen bei Jung eine zentrale Bedeutung zukommt, scheinen ihre Entsprechungen in der Sprache der Physik zu haben.

Symbol

Genau wie Jung es sich vorstellte, tritt in der Komplexen Relativitätstheorie der wahrhaft „konkrete“ Charakter des Symbols zutage: jedes Symbol entspricht einer „Komponente“ in einem mentalen Sigma-Feld, die ebenso genau definiert und dargestellt werden kann wie ein der sogenannten „Außenwelt“ angehörendes Objekt. Jedes Ich besitzt also eine „Innenwelt“, die, obwohl „nur“ in einer „imaginär“ genannten Raum-Zeit beschreibbar, dennoch genauso „real“ ist wie die Raum-Zeit der beobachtbaren Realität.

Doch seine eigentliche Bedeutung erhält das Symbol erst durch seine „Einbindung“ in die Wirklichkeit. Es ist vergleichbar mit einer Sinnesfunktion, zum Beispiel dem Gehörsinn oder dem Gesichtssinn. So wie der Gesichtssinn allein nichts ist, wenn er nichts zu sehen hat, sondern seine Bedeutung erst durch seinen Inhalt, das Gesehene, erhält, ebenso ist auch ein Symbol „leer“, solange es nicht mit Formen der Außenwelt gefüllt wird, die, wie beschrieben, zu „Initialbedingungen“ der betreffenden Symbolkomponente werden.

Archetyp

Es ist allerdings wichtig, auch das „leere“ Symbol, das noch bar jeder Bedeutung ist, zu betrachten, denn in dieser „archetypischen“ Gestalt ist es als Teil des Seienden anzusehen, als ein Element der Menge aller Möglichkeiten. Wie Jung bezeichnen wir deshalb dieses „leere“ Symbol („leer“ im Sinn von ohne Anwendung, ohne Initialbedingungen) als *Archetyp*. Aus den Archetypen des Seienden entstehen die Symbole, aber in ihrer ursprünglichen Gestalt sind sie „leer“, denn das Seiende „transzendiert“ Raum und Zeit. Die Archetypen, die die Symbole von Raum und Zeit „gebären“, sind nichts als „Impulse“ zur „Erschaffung“ von Symbolfunktionen, die ihre wahre Bedeutung erst annehmen, wenn sie von den Formen der Realität erfüllt werden. Der Archetyp ist gleichsam der „Werde-Impuls“ des Symbols, so wie die „Idee“ der Formen jener Impuls ist, aus dem die Symbole des Gesichtssinns hervorgehen …, die sich ihrerseits erst dann mit Bedeutung füllen, wenn das neu entstandene Sehvermögen Formen entdeckt und die Symbole, durch die es sich aktualisiert, mit Initialbedingungen versieht. Der Begriff des Archetyps hat uns also zur Platonischen „Idee“ zurückgeführt, jener leeren Quelle, die nur den Impuls zum Werden potenzieller Formen in sich trägt und sich in ihrer Eigenschaft als Quelle selbst erst rechtfertigt, wenn sich das Werdende in „Gewordenes“ verwandelt hat.

Der dem Archetyp innewohnende Drang zu „werden“ wiederum entspringt, der Komplexen Relativitätstheorie zufolge, aus der Wohlordnung des Seienden.

Komplex

Als Komplex bezeichnen wir die Menge jener Symbole (und deren Initialbedingungen), die auf denselben archetypischen Impuls zurückzuführen sind und sich auf eine allgemeine Form der Außenwelt beziehen. So etwa wird eine kreisförmige Form in der äußeren Realität, die vom Psi-„Blick“ des Teilchens wahrgenommen und zum Sigma-Feld weitergeleitet wurde, in Gestalt von Initialbedingungen einer oder mehrerer Symbolkomponenten dieses Sigma-Feldes gespeichert, nämlich jener Komponenten (Symbole), die mit der allgemeinen Wahrnehmung kreisrunder Formen verbunden sind. Für jede einzelne kreisrunde Form können die Symbole ebenso wie die jeweiligen Initialbedingungen verschieden sein, doch leiten sie sich alle vom generellen Archetyp „Kreis“ ab, also von der „Idee“ der kreisrunden Form. Die *Gesamtheit* jener Symbole und Initialbedingungen, die sich auf kreisrunde Formen beziehen, welche der Psi-„Blick“ des Teilchens in der Außenwelt wahrnimmt, bezeichnen wir als den mit dem Archetyp Kreis verbundenen *Komplex.* Für *jede* in der Außenwelt wahrgenommene generelle Form (zum Beispiel die Form des Kreises) gibt es einen solchen aus Symbolen und deren Initialbedingungen gebildeten Komplex. Die Komplexe fügen sich in ein bereits vorhandenes Sigma-Feld ein. Es ist dies der Vorgang der deutungsfähigen Speicherung, wie wir ihn in den vorhergehenden Kapiteln beschrieben haben. Das Mentale speichert also nicht direkt die Formen, sondern die von diesen Formen (durch die Wahrnehmung des „Psi-Blicks“) hervorgebrachten Symbolkomplexe, und diese Komplexe wiederum entspringen einem Archetyp des Seienden (einer Idee).

BEWUSSTES UND UNBEWUSSTES

Ein anderer wichtiger Begriff, den wir C. G. Jung verdanken, ist der des Unbewussten, wobei er zwischen persönlichem Unbewussten und kollektivem Unbewussten unterscheidet.

Doch bevor wir vom Unbewussten sprechen, sollten wir vielleicht nochmals deutlich sagen, was wir – wenn wir von Teilchen reden – mit dem Begriff „Bewusstsein“ meinen.

Der Geist als alleiniges Bewusstseinszentrum

Das einzige Bewusstseinszentrum in unserem Teilchenmodell ist das, was wir Geist nennen. Der Geist „sieht“ zugleich das Ich und die Gesamtmenge aller Möglichkeiten (das Seiende). Der Geist ist es, der feststellt, dass das Ich denkt, der diese Gedanken beobachten und beurteilen kann, der sagen kann „Ich denke“ und der dieses „Ich“ ist. Der Geist ist persönlich und universell zugleich, persönlich, weil sein Blick jedem Ich Bewusstsein verleiht, dem des Teilchens ebenso wie dem eines ganzen Organismus; und er ist universell, weil er auch der Blick des Seienden, das Bewusstsein des Seienden ist. Erinnern wir uns: das Ich kann mit seinem Psi-Sigma nur eine bestimmte Menge von Verhaltensmöglichkeiten definieren, der Geist allein ist fähig, diese möglichen Verhalten zu „betrachten“ und, geleitet von der „Wohlordnung“ des Seienden, *ein* Verhalten tatsächlich und völlig frei zu bestimmen. Mein Ich ist also nicht mein Bewusstseinszentrum, doch ist es untrennbar verbunden mit diesem, das heißt dem Geist, der *zugleich* mein persönlicher und der alles umfassende Geist ist. Getrennt von seinem Bewusstsein ist dieses Ich zu keinem Verhalten fähig, „existiert“ daher überhaupt nicht. Mein Ich ist untrennbar mit *meinem* Bewusstsein, meinem Geist verbunden, doch darf ich das eine mit dem anderen nicht verwechseln.

Was nun ist in diesem Zusammenhang unter dem Begriff „unbewusst“ zu verstehen? Bin ich denn nicht immer „bewusst“? Hat mein Ich so etwas wie eine unbewusste Seite und wenn ja, wie ist dieser Begriff zu definieren?

Erkennen und Wiedererkennen

Um uns hier Klarheit zu verschaffen, müssen wir noch einmal auf die Zweieinheit von Symbolen und Formen zurückkommen.

Erblicke ich in der äußeren Wirklichkeit Formen, so drücken sich diese durch die Initialbedingungen meines auf diese äußere Wirklichkeit gerichteten Blicks aus, also durch die Initialbedingungen der Psi-Welle des Teilchens. Diese wiederum werden auf das mit Psi gekoppelte Sigma-Feld übertragen. Doch wo genau in diesem Sigma-Feld erscheinen sie? Sicher nicht irgendwo, wir haben es ja nicht einfach mit Murmeln zu tun, die jemand in einen Sack füllt. Zwischen den Formen (bzw. von Psi wahrgenommenen Initialbedingungen) und den Sigma-Symbolen, auf die Psi diese Formen/Initialbedingungen überträgt, besteht ein Verhältnis, das in der Mathematik als „eindeutige Zuordnung“ bezeichnet wird. Die Kreisform – um bei unserem Beispiel von vorhin zu bleiben – heftet sich nicht an jedes beliebige Sigma-Symbol, sondern wird (als Initialbedingung) nur auf einer (oder mehreren) *bestimmten* Symbolkomponenten des Sigma-Feldes erscheinen, die sich alle aus dem Archetyp „Kreis“, der im Seienden vorhanden ist, herleiten. Wenn dieser Archetyp „Kreis“ sich mit Initialbedingungen, d.h. mit Leben füllt, kann er natürlich unzählige genaue „Bedeutungen“ haben, das hängt ganz von den jeweiligen Initialbedingungen und den Beziehungen zwischen den Kreis-Symbolkomponenten und allen übrigen Symbolkomponenten des Sigma-Feldes ab. Doch ist jedenfalls der ganze mit der generellen Form „Kreis“ verbundene Symbolkomplex aus dem Archetyp „Kreis“ entstanden, und jede einzelne Kreisform wird in einem oder mehreren Symbolen ihren Ausdruck finden, die sich von diesem Archetyp herleiten; untereinander verbinden sich diese Symbole zu Komplexen, die sehr verschieden sein können: großer Kreis, blauer Kreis, Kreis in Verbindung mit anderen geometrischen Formen, „round“ genannter Kreis, Kreis als Sonderfall einer Ellipse usw.

Wenn also meine Psi-Welle unter den Formen der Außenwelt einen Kreis entdeckt, wird sie ihn als auf die Symbole übertragene Initialbedingungen wahrnehmen, oder als eines der Symbole aus dem Archetyp „Kreis“, die im Sigma-Gedächtnis gespeichert sind. Der Geist oder vielmehr der Blick des Geistes auf Sigma hat nun folgende Möglichkeiten:

- Entweder es gab noch kein mit dem Archetyp „Kreis“ verbundenes Symbol, d.h. die Initialbedingungen der dieser Form entsprechenden Symbole sind alle noch gleich Null. In diesem Fall *erkennt* mein Ich mithilfe seines Bewusstseinszentrums (Geist) zum ersten Mal die Form „Kreis“, und dies drückt sich dadurch aus, dass in der Sigmastruktur das Symbol oder die Symbole, die sich vom Archetyp „Kreis“ herleiten, „entstehen“, indem auf die entsprechenden Sigma-Komponenten die Initialbedingungen überragen werden, die Psi in der äußeren Realität eben „entdeckt“ hat.

- Oder aber es gab *bereits* ein Symbol oder mehrere Symbole für „Kreis“ in der Sigma-Struktur des Ichs (d.h. Initialbedingungen ungleich Null, die mit diesen Symbolen für „Kreis“ verbunden sind). In diesem Fall wird das Ich, innerhalb des Bezugssystems seines Geistes, die von Psi wahrgenommene Kreisform *wiedererkennen*. Den Initialbedingungen, die schon vorher dem oder den Kreis-Symbolen zugeordnet waren, werden neue, durch Psi „beschaffte“ Initialbedingungen hinzugefügt, die im Sigma-Gedächtnis die Erinnerung an „Kreis“ verstärken.

So also bringen Erkennen und Wiedererkennen eine „Häufung“ von Informationen auf ganz bestimmten, bedeutungstragenden und „deutungsfähigen“ Symbolen mit sich. Bestimmte von Psi entdeckte Formen lassen entweder eine bestimmte Menge von Symbolen entstehen, oder sie verstärken eine schon vorhandene „Erinnerungsspur“ innerhalb des betreffenden Symbolkomplexes.

Wir dürfen dabei nie aus den Augen verlieren, dass das imaginäre Mikro-Universum, in dem das Sigma-Gedächtnisfeld angesiedelt ist, ein Universum mit negentropischer Raum-Zeit ist (Negativzeit). Die Initialbedingungen, mit denen sich die Symbole „füllen“, werden daher nie gelöscht, sondern häufen sich stetig an.

Sowohl im einzelnen Teilchen als auch im Organismus geht eine Information niemals verloren. Nur die Sigma-„Landschaft“ als solche verändert sich dadurch, dass manche Symbole mit viel größeren „Anhäufungen“ von Initialbedingungen beladen sind als andere, sei es, weil mit diesen Symbolen verbundene Formen öfter „wiedererkannt“ wurden, oder weil die mit diesen Symbolen verbundenen Wahrnehmungen besonders „tiefe Spuren“ hinterlassen haben.

Die Relativität der gespeicherten „Erinnerungen“

„Landschaft“ nannten wir eben unser altbekanntes Sigma-Gedächtnisfeld – und wirklich könnte man es mit einer Gebirgslandschaft vergleichen. Symbole mit einer größeren Zahl kumulierter Initialbedingungen „ragen“ über die anderen „hinaus“, es gibt also Hügel und hohe Gipfel, während manche Erhebungen in der Landschaft so schwach sind, dass man sie auf den ersten Blick gar nicht erkennt. In diesem Sinn sprechen wir von der „Relativität“ der Symbole, also der gespeicherten Erinnerungen.

Zur Veranschaulichung unserer Überlegungen wollen wir das „Panorama“ der mnemonischen Sigma-Landschaft in zwei Gruppen teilen, wobei eine genaue Abgrenzung natürlich nicht möglich sein wird. Denn auch wenn wir ein Gebirgspanorama betrachten, wird unser Blick wohl zuerst von den herausragenden Gipfeln angezogen und übersieht bescheidenere Hügel, doch eine Änderung des Standpunktes oder erhöhte Aufmerksamkeit rücken auch diese weniger hohen Berge in unser Blickfeld. Die zwei großen Kategorien, in die wir unsere „Erinnerungen" nun einteilen wollen, sind das Bewusste und das Unbewusste.

Das Bewusste

In dieser Gruppe finden wir die „höchsten" Gipfel unserer Gedächtnislandschaft, das, was man ganz allgemein als „Gedächtnis" bezeichnet. Es sind die „greifbarsten" Erinnerungen, die mit den meisten Initialbedingungen beladenen Symbole. Der Geist erkennt gleichzeitig *alle* diese Symbole, kann aber auch im gegebenen Moment manche „genauer erforschen" als andere; das hängt häufig davon ab, welche Formen seine Psi-Welle in der realen Außenwelt gerade „wahrnimmt".

Unsere *bewussten* Erinnerungen spielen bei der Kopplung Psi-Sigma meist die größte Rolle, d.h. sie haben den größten Einfluss auf die Zusammensetzung jener Menge möglicher Verhaltensweisen, aus der der Geist jeweils frei ein bestimmtes Verhalten wählen wird.

Isoliert betrachtet, stellt das Bewusste das ICH des Teilchens oder des Organismus dar.

Das (persönliche und kollektive) Unbewusste

Ganz allgemein möchten wir als das „Unbewusste" jenen Teil der Gedächtnislandschaft bezeichnen, den der Geist nicht „auf den ersten Blick" erspäht. Er besteht aus Symbolen mit *relativ* deutlich weniger Initialbedingungen als jene Symbole, die dem Bewussten zuzurechnen sind, von dem eben die Rede war. Der Begriff „Unbewusstes" bezieht sich also nicht auf überhaupt nicht vorhandene Symbole, sondern auf Symbole, die der Blick des Geistes *vergleichsweise schwächer wahrnimmt* als andere, oder noch genauer gesagt, deren Anteil an der Zusammensetzung jener Gesamtheit möglicher Psi-Sigma-Verhalten, unter denen der Geist seine Wahl trifft, relativ geringer ist. Doch auch die unbewussten Symbole sind an dieser Gesamtheit von Verhaltensmöglichkeiten, die das Ich des Teilchens oder des ganzen Organismus hat, beteiligt. Die Kopplung Psi-Sigma *berücksichtigt selbstverständlich* auch die unbewussten Symbole, und diese dürfen daher keineswegs mit den „potenziellen" Symbolen, also den Komponenten des Sigma-Feldes mit Initialbedingungen gleich Null (die man als „im Werden begriffen“, als Archetypen des Seienden betrachten muss) verwechselt werden.

Wir möchten diese unbewussten Symbole, wiederum der Terminologie C. G. Jungs folgend, in zwei Gruppen einteilen:

Das persönliche (oder erworbene) Unbewusste

Darunter verstehen wir jenen Teil des Unbewussten, der sich auf Symbole bezieht, die der Organismus im Laufe seines Lebens erworben (oder durch Wahrnehmungen verstärkt) hat, die jetzt aber unter die relative Wahrnehmungsschwelle im Bereich der Sigma-Landschaft gesunken sind. Nachdem diese Symbole einige Zeit im Bewussten angesiedelt waren, sind sie gewissermaßen aus dem Bewussten ins Unbewusste „gefallen“.

Es handelt sich also um Komponenten, die der Organismus im Laufe seines Lebens tatsächlich wahrgenommen hat (die damals „bewusste“ Symbole waren), die aber aus irgendeinem Grund (etwa weil keine neue Wahrnehmung sie wieder aktivierte) jetzt nur noch so relativ niedrige „Initialbedingungen“ besitzen, dass man sie nicht mehr zum Feld des Bewussten rechnen kann. In unserer Alltagssprache ausgedrückt: sie sind einfach „in Vergessenheit geraten“. Doch sind sie *immer noch vorhanden,* denn auch wenn dieses persönliche Unbewusste weniger Anteil an der Zusammensetzung der Verhaltensmöglichkeiten hat, muss man es doch immer miteinbeziehen, wenn es darum geht, das Verhalten eines Ichs zu erforschen (was vor allem in der analytischen Psychologie geschieht).

Das kollektive (angeborene) Unbewusste

Darunter verstehen wir jenen Teil des mnemonischen Sigma-Feldes, der weder zum Bewussten noch zum persönlichen Unbewussten gehört. Dieses „angeborene“ Unbewusste bezieht sich auf „Erinnerungen“, die aus der Zeit *vor* der Geburt eines Organismus stammen. Nur in Bezug auf Organismen hat dieser Begriff überhaupt einen Sinn, denn da das einzelne Teilchen ja nur *ein* Leben hat, ist sein Unbewusstes immer während dieses Lebens „erworben“, ist also immer ein „persönliches“ Unbewusstes.

Beim Organismus bezeichnen wir als kollektives Unbewusstes also die Summe der Symbole, die bereits vor der Geburt dieses Organismus entstanden sind, die aber im mnemonischen Sigma-Feld „Spuren“ hinterlassen haben, da ja hier keine Information völlig „in Vergessenheit geraten“ kann (Negentropie der Sigma Evolution). Die Initialbedingungen dieser

Symbole des kollektiven Unbewussten sind daher nicht gleich Null, sie „existieren", auch wenn sie weit „schwächer" sind als jene der Symbole des Bewussten oder auch des persönlichen Unbewussten des betreffenden Organismus.

Dadurch, dass die Komplexe Relativitätstheorie die *Kontinuität* zwischen dem Teilchen-Ich und dem Ich des Organismus aufzeigt, gibt sie diesem Begriff des kollektiven Unbewussten erst seine volle Bedeutung. Der Organismus besteht aus Milliarden einzelner Teilchen, die ihr jeweiliges Sigma-Feld lange vor der Geburt des Organismus *gebildet* und ihre individuellen „Erinnerungen" daher eingebracht haben, als sie Teil des Organismus-Ichs wurden. Aus diesem Grund bezieht der Organismus in die Gesamtheit seiner Psi-Sigma-Verhaltensmöglichkeiten unweigerlich auch die von seinen Einzelteilchen im Zuge ihrer persönlichen Existenz gespeicherten Erinnerungen mit ein. Das Sigma-Feld des Organismus reicht in seinen Wurzeln also bis zu Symbolen zurück, die *lange vor* jenem erdgeschichtlichen Datum entstanden sind, das wir gewöhnlich als „die Geburtsstunde des organischen Lebens" bezeichnen. Die Symbole des kollektiven Unbewussten sind also die ältesten Symbole, über die der Organismus verfügt, und sie sind wahrhaft „kollektive" Symbole, denn aufgrund ihres Alters sind sie der gemeinsame Besitz sehr vieler Lebewesen im Universum, nicht nur des Menschen, sondern auch der Tiere und Pflanzen, ja sogar der Minerale. Sie „erzählen" vom Leben des Universums in den entferntesten kosmischen Räumen und Zeiten. Wohl „ragen" diese Symbole kaum über den Horizont unserer mnemonischen Sigma-Landschaft hinaus, denn ihre Initialbedingungen „wiegen gering", verglichen mit jenen der Symbole des Bewussten oder des persönlichen Unbewussten; dafür aber sind sie sehr zahlreich und bilden so etwas wie den Hintergrund unserer Psyche, vor dem sich nun nach und nach alle erworbenen Symbole stapeln. Dieses kollektive Unbewusste stellt für uns das wertvollste Bindeglied zur Vergangenheit des Universums dar, es ist der einzige „Zeuge" dafür, wie dieses Universum in den fernsten Zeiten und Regionen einmal ausgesehen haben mag. Die Symbole des kollektiven Unbewussten sind für uns auch von unschätzbarem Wert, wenn es darum geht, unser gegenwärtiges Verhalten so vollständig wie möglich zu verstehen, es im Kontext des gesamten Universums und all seiner Bewohner zu sehen. Man kann Carl Gustav Jung gar nicht genug dafür danken, dass er den Begriff des kollektiven Unbewussten eingeführt hat. Eine wahrhaft hellsichtige Intuition! Er stieß damit übrigens auf völliges Unverständnis bei der Mehrzahl seiner zeitgenössischen „Kollegen", die schon den Begriff des Unbewussten als solchen ablehnten. Erst heute erkennt man dessen grundlegende Bedeutung, wo immer es darum geht, menschliches Verhalten zu verstehen, beziehungsweise zu deuten und zu erfassen, wie unsere Psyche funktioniert.

Die drei Begriffe Bewusstes, persönliches Unbewusstes und kollektives Unbewusstes soll die folgende schematische Darstellung veranschaulichen. Die Spitze des Dreiecks bildet der im Vergleich zum übrigen winzig kleine aber um so heller strahlende Teil der bewussten Erinnerungen, seine Basis ist der riesige Ozean unseres kollektiven, angeborenen Unbewussten, dazwischen liegt die Schattenzone unseres persönlichen Unbewussten, bestehend aus jenen Erinnerungen, die wir wohl einmal erworben haben, heute jedoch, geblendet vom strahlenden Licht unserer bewussten Erinnerungen, nur noch schemenhaft wahrnehmen.

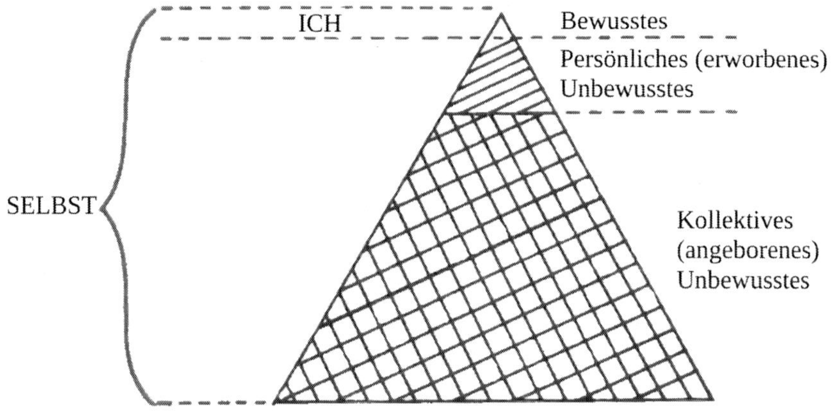

Abschließend wollen wir nochmals zusammenfassen: alle *drei* Regionen unseres Mentalen wirken *in jedem Augenblick* über unser Sigma-Gedächtnisfeld und unseren auf die Außenwelt gerichteten Psi-Blick an der Zusammensetzung unserer Verhaltensmöglichkeiten mit, aus denen unser Geist sein jeweiliges, augenblickliches Verhalten frei wählt. Doch je nach ihrem relativen „Gewicht", d.h. je nach der Anzahl der mit ihnen verbundenen Initialbedingungen, sind diese drei Regionen unserer Psyche mit unterschiedlicher Intensität an der Gestaltung von Psi-Sigma (und daher an der Gestaltung unseres Verhaltens) beteiligt.

Das Ich und das Selbst

Wollen wir uns in das uns umgebende kosmische Universum gut „integrieren", müssten wir also in unser Verhalten unser *gesamtes* Sigma-Gedächtnisfeld einbeziehen; nicht nur dessen „bewussten" Teil, den wir unser Ich genannt haben, sondern auch unser Unbewusstes, das erworbene und das angeborene, kollektive Unbewusste.

Ein Organismus, der solcherart sein gesamtes Gedächtnisfeld in sein Verhalten einbezieht, wird sich gemäß dieser Definition harmonisch in das Universum einfügen, dem er angehört: Er hat sein Bewusstsein seinem *Selbst* geöffnet. Hier greifen wir nochmals auf die Terminologie C. G. Jungs zurück, dem der Begriff des Selbst besonders wichtig war: Jeder Organismus (und insbesondere der Mensch) sei nicht nur ein Ich (der „bewusste" Teil der Psyche), sondern müsse zu seiner psychischen Ganzheit, seinem „Selbst" finden.

Das Sigma-Feld eines Organismus, wir haben es immer wieder betont, ist „negentropisch", es ist ein Gedächtnis, das *nichts* vergisst, was einmal darin gespeichert wurde. Deshalb umfasst die Summe aller Verhaltensmöglichkeiten, die dem Organismus in jedem Augenblick zur Verfügung stehen, nicht nur das Bewusste sondern *immer* auch das persönliche wie das kollektive Unbewusste.

Der Geist, *unser* Geist, wählt daraus nun, unter dem Impuls der Wohlordnung des Seienden, ein bestimmtes Verhalten. Obwohl die individuellen Verhaltensweisen frei gewählt sind, müssen sie, wie schon gesagt, in *statistischer* Übereinstimmung mit der Gesamtmenge aller vom Sigma-Feld gebotenen Verhaltensmöglichkeiten stehen. Eine solche *statistische* Betrachtungsweise bezieht sich entweder auf die Verhaltensweisen einer *großen Zahl* von Organismen, die über das gleiche Psi-Sigma verfügen und *gleichzeitig* handeln (räumliche Statistik), oder auf jene ein und desselben Organismus, der mit ein und demselben Psi-Sigma viele Male hintereinander handelt (zeitliche Statistik). Letztere führt uns zu dem Schluss, dass *über einen längeren Zeitraum betrachtet* jene Verhaltensweisen überwiegen, die sich aus dem Bewussten *allein* herleiten, da diese aufgrund ihres hohen Anteils an der Gesamtmenge möglicher Verhaltensweisen des Organismus die größten Chancen auf Verwirklichung haben.

Je höher der Bewusstseinsgrad, desto eher wird der Organismus zu Verhaltensweisen neigen, die „nur" seinem ICH entspringen (und sein SELBST dadurch vernachlässigen). Zwar kann der Geist, unter dem Impuls der „Wohlordnung" des Seienden, *zu jedem Zeitpunkt* unter allen Verhaltensmöglichkeiten des Selbst frei wählen, doch muss er im Zuge vieler *aufeinanderfolgender* Verhaltensweisen der vom Sigma-Gedächtnis festgelegten statistischen Wahrscheinlichkeit Genüge tun, d.h. dem Ich entspringenden Verhaltensweisen den Vorzug geben, wenn das Sigma-Feld des „Bewussten" im Vergleich zu dem des Unbewussten im „Übergewicht" ist.

Meines Erachtens liegt darin auch der tiefere Sinn des biblischen „Sündenfalls“. Die Steigerung seines Bewusstseins bringt den Organismus in einen *Widerstreit* zwischen seinem Ich und seinem Selbst, zwischen dem Bewussten allein und der Einheit von Bewusstem und Unbewusstem. Unser bewusstes Ich ist auf sämtliche Vorurteile gegründet, die wir aus dem Kulturkreis, in dem wir leben, beziehen. Wohl braucht der Organismus die Kultur, um sich in das ihn umgebende soziale Umfeld einzugliedern und sich darin zu entwickeln. Wenn aber diese Kultur darüber hinaus noch den absoluten Anspruch erhebt, uns zu sagen, was gut und was böse ist, so bleibt sie uns den Beweis dafür schuldig. Dies zeigt ja schon die Tatsache, dass es allein auf unserem kleinen Planeten eine Vielzahl von Land zu Land, ja oft auch von Generation zu Generation höchst unterschiedlicher, manchmal sogar widersprüchlicher Kulturen gab und gibt.

Ein Licht in unserem Herzen

Geben wir also in unserem Verhalten unserem Selbst mehr Raum, lauschen wir auf die Stimme unserer angeborenen „Erinnerungen“, lassen wir uns nicht von den „Verhaltenszwängen“ unseres winzigen Kulturkreises vereinnahmen, sondern spüren wir unseren Wurzeln im kosmischen Universum nach, das in seiner Gesamtheit die „Wohlordnung“ des Seienden widerspiegelt. Indem wir unser Verhalten danach ausrichten, werden wir all jene Erfahrungen nutzen können, die in unendlichen Zeiten und Räumen gemacht wurden. Nun verstehen wir erst, warum uns die Weisen und Propheten aller Völker lehren, den Blick *nach innen* zu richten, um dort die Quelle dessen, was wir sind, zu finden und so unseren Weg ein wenig deutlicher zu erkennen. Nicht dass wir deshalb unser bewusstes Ich und die Kultur, die es umgibt, völlig außer acht lassen sollten! Wir müssen mit „beiden Füßen“ fest auf dem Boden stehen und zugleich versuchen, in unserem eigenen Inneren unsere kosmischen Ursprünge zu entdecken, um über den kurzlebigen Augenblick unseres Daseins hinauszugelangen. Halten wir ein wenig inne in dem unvermeidlichen Wettstreit zwischen Ich und Selbst, um unserem Selbst zu begegnen; lassen wir uns nicht vom gleißenden Licht des Bewussten blenden, von den Vorurteilen unserer Kultur irremachen. Denken wir daran, dass wir unsere so relativen und schwankenden Begriffe von Gut und Böse nicht mit der „Wohlordnung“ des Seienden verwechseln dürfen. Diese unsichtbare Ordnung vermögen wir nur zu erkennen, oder vielmehr zu erahnen, indem wir „mit den Augen des Herzens sehen.“ Wie spricht der Herr? „Meine Gedanken sind nicht eure Gedanken, und eure Wege sind nicht meine Wege.“ Jesaja, 55, 8). Jener Abglanz der kosmischen Wohlordnung, den wir in unserem Selbst finden können, ist das Licht, das die Wege unseres Lebens erhellt, denn es ist das Licht unseres Herzens, das Licht des archetypischen Herzens des gesamten Universums. Freuen wir uns, in unserem eigenen Herzen die Wege vorgezeichnet zu finden!

Villebon und Montreal 1984 - 1985

Made in United States
North Haven, CT
04 November 2026

21719572R00116